MISHIMA YUKIO

三 岛 由 纪 夫

作品系列

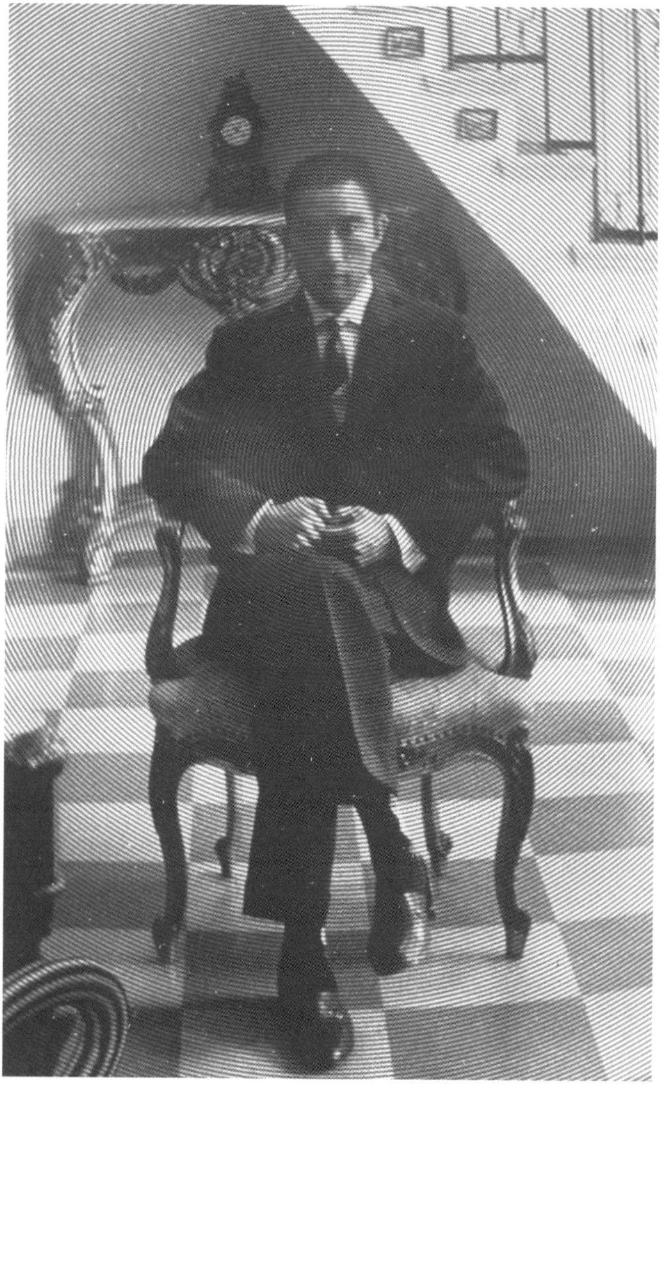

不道德教育讲座

译者=林青华

MISHIMA YUKIO

三岛由纪夫

上海译文出版社

目录

跟陌生男人去喝酒／1

内心轻视老师／6

多撒谎／10

给别人添麻烦／14

小偷的效用／18

处女道德吗？／22

别把是不是处女作为问题／26

早一刻丢掉处男包袱／30

从女人身上捞钱／34

多管闲事／38

利用丑闻／42

卖友杀熟／46

锄弱扶强／50

尽量自恋／54

随波逐流／58

相亲欺诈 / 62

不守约 / 66

大喊"干掉他" / 70

阴柔文弱当道 / 74

喝汤不怕出声 / 78

委过于人 / 81

利用漂亮妹妹 / 85

对女人动粗 / 89

在教室对付老师 / 93

色情狂 / 97

忘恩负义 / 101

幸灾乐祸 / 105

恶德不嫌多 / 109

炫耀打架 / 113

吹捧他人 / 117

毒药的乐趣 / 121

所谓"意乱情迷" / 125

0 的恐惧 / 129

没有道德的国家 / 133

身后说坏话 / 137

向往电影圈 / 141

以吝啬为信条 / 145

广告词姑娘 / 149

批评和诽谤 / 153

傻瓜死定了 / 157

不告白 / 162

不履行公约 / 166

表扬日本和日本人 / 170

取笑别人的失败 / 174

Who knows？ / 178

别看重小说家 / 182

Oh，Yes！ / 186

桃色的定义 / 190

性神经症 / 194

服务精神 / 198

自由和恐惧 / 202

让人揪住尾巴 / 206

关于"利刃三昧" / 210

妖魔鬼怪的季节 / 214

肉体的脆弱 / 218

让别人干等着 / 222

不以人为镜 / 226

时髦催眠术 / 230

语言之毒 / 234

隐瞒已婚有子 / 238

多发牢骚 / 242

什么是"吃得开"？ / 246

塑料牙齿 / 250

痴呆症和红衬衫 / 254

冒牌货时代 / 258

"地道"和"气味" / 262

年轻或青春 / 266

交换恋人 / 270

结局坏就一切都坏 / 274

跟陌生男人去喝酒

十八世纪的小说大家井原西鹤①有部小说叫《本朝二十不孝》，这是仿中国著名的"二十四孝"而来的。书中自以为是地列举了对父母不孝的行为。大体上，孝敬父母之类的故事，读来无甚趣味，多属难为情或做作，这么一来，干脆读些不孝的故事更有趣。即便自以为相当不孝，应未敢绝情至书中说的地步，读来觉得难以企及："嘿，对父母不孝的行为，竟然一个比一个差啊！"与之相比，感觉自己竟还属孝子呢。而自认孝子，则是孝顺父母的开始，所以这样的书就很有益。我之所以模仿流行的道德教育，开设"不道德教育讲座"，就是学习西鹤的尝试。

且说正题吧。最近一个周末的傍晚，我和工作上的朋友走在银座内街。

这时，一伙三人引人注目地走过来。一式白色长袖运动衫、一式紧身裤，头发则人各一种流行发型，戴项链或手镯——晃着哗啦哗啦响的东西……都是年十七八、同样身高、化妆也领先潮流而不过火。三个美少女表情鲜活、极具个性，所以回头率极高。这新鲜劲儿也打动了我，不禁一百八十度扭过头去看。对方也回头说出我的名字。我看够了,又往前迈步,却感觉她们叽叽喳喳跟在后面。

我因为约了朋友吃晚饭,就在西餐馆前止步,跟女孩子们说"再见",于是对方嚷嚷着"没劲、没劲",就此分手。

晚饭间我提及此事,朋友安慰我说:"没关系啦,银座这地方,但凡见过一次,肯定还会再见。"

果不其然,晚饭后,我正要过十字路口去松坂屋,看见三人一伙的女孩子,正是她们。

"嗨,又见面啦。"

"您去哪里呀?"

"去乡村摇滚的咖啡馆。一起来吧?"

"好呀好呀。"

三人蹦蹦跳跳跟着来,很天真,所以我也感觉不坏。我最喜欢天真烂漫的人,不看外表。彼此作了自我介绍。A子有点像从前的演员志贺晓子[②],画了眼影,脸庞丰满,时不时露出与其年龄不相称的疲态。C子椭圆脸,略显老成。B子最可爱,像我的初恋,人木木的,感觉她啥也没弄明白,只是一个劲地模仿两位狐朋狗友。三人都是高中二年级的学生。

咖啡馆当天不是表演乡村摇滚乐,而是来了一支以著名鼓手为核心的爵士乐队,我们有点儿失望。我告诉少女们,那名鼓手是某走红女演员的情人。

"哟,那么没范儿啊?N(女演员的名字)啥品位嘛!"

[①] 井原西鹤(1642—1693),日本江户时代诗人、小说家。"十八世纪"为原文之误。

[②] 志贺晓子(1910—1990),本名竹久悦子,日本电影演员。

"那你是什么品位呢?"

"当然看脸呀。"

"男人不凭一张脸啦。得看内心。"

"哎哟,还有另一个地方也得看。"

A子捅一捅C子,一起大笑。B子也不明不白地跟着笑。我有点儿无奈,跟朋友面面相觑。

我们这边太热闹,几乎压过了鼓声,所以在演奏间歇,扩音器发出了提醒:"部分客人过于喧哗,请在演奏时保持安静。"这时,B子可爱地嘟着嘴说道:

"哎,好没劲。这种地方本该来放心的,你们还说得那么复杂。"

前面座位上的男大学生们听见她的话,忍不住大乐:

"什么'放心'——妈呀!"

B子错把"放松"说成"放心"了。

她顿时脸色通红,好可爱。

"刚才分开之后,你们干了什么呀?"

"我们一路抵挡那些套近乎的家伙,一路走过来。"

这样聊着,A子对我袖口露出的手毛产生了兴趣,说着"你毛挺重的呀",把我手腕上的毛拨弄出来,一旁的B子和C子也一哄而上。这么好奇又率性的举动,实在好新鲜,没有客套一说。

离开咖啡馆,我邀她们去三得利酒吧,三人倒是乖乖跟来,可是老天淅淅沥沥下起了雨。她们慌忙按住头发,让精心弄好的头发不至于变糟。我们在吧台依次坐下,A子和C子抽起了烟,喝了酒。B子两样都不行。

"你们有男朋友吗？"

"才没呢。"

然而就我看来，至少感觉Ａ子和Ｃ子背叛了开头的新鲜印象。这样一想，我莫名地失落。她们并没有让我感觉到任何恶意，可年方十七八，画了眼影的眼睛就带着疲态，泼辣地昂首阔步和透着疲态之间，显示着不协调的混合。我看着她们抽烟的侧脸，同情、怜悯油然而生。成年人并非只羡慕年轻，在成年人眼里，也很明白年轻的可怜。

其间，Ａ子弄了一个奇怪的抽烟方法：她把两支烟硬接起来，点燃前面那支的前端吸。气流很难流通。Ｂ子和Ｃ子紧盯着她。前面那支烟终于歪斜，快要掉了。

"嘿，没劲。挺不住啦，干得太滥了吧。"

Ａ子说道。看来她从奄拉的香烟，联想到性方面了。Ｃ子嘻嘻笑，Ｂ子带着不解的神情，也附和着笑。

此时，我沮丧的感觉似乎达到了顶点。

在我面前，年轻的调酒师也面露轻蔑，绷着脸；我问他话，他也不好好回答。我越发可怜她们了。

离开了三得利酒吧，我在蒙蒙细雨中跟三人分别握手道别。

"不送也不要紧？"

"没问题啦。"

可是，握手的时候，不知是Ａ子还是Ｃ子，用食指抠抠我的手心，嘻嘻笑。我吃了一惊：这可使不得，这是品行不端的女人干的事。不论怎么开玩笑，这都使不得。因为不论怎么开玩笑，这都是"我们上床吧"的暗号。

……当晚回家之后，我仍有点发呆。最木、最可笑的那个人，应该是我吧？她们固然演技拙劣，但实际上，无非就是有点故意淘气的十七八的清纯女孩子而已？

我以成年人的姑息迁就，愉快地接受了这个判断。

内心轻视老师

内心不轻视老师的小学生，不是啥好学生。内心不轻视老师的大学生，肯定没啥出息……我可以这样断言。不过，请仔细琢磨"内心"这两个字，因为这个词的分量千钧重。

常有人说，要掀起"抵抗大人的运动"，也不时听说诸如"大人不纯洁"呀、"大人不可信"呀、"上了大人的当"啦的说法。顺便提一下，这样的表述，是那位石原慎太郎先生发明的，在社会上广泛使用起来了；自他的弟弟石原阿裕[①]作为年轻一代的代表，把这样的表述弄得街知巷闻之后，大人们已经偃旗息鼓，看上去被阿裕压服了；十七八的诸位，也因裕次郎君有了百万拥趸，看来也不把大人的存在当一回事了……然而，正是在这样的时候，大人们在另一头，正在磨利其爪牙。这是真正的大人开始显示实力的时候。请睁大眼睛看看吧。出现在裕次郎电影画面里的大人一般都是胆小鬼，真正的大人没出现在画面上。电影公司的老总才是真正的大人。作为裕次郎的后盾大赚特赚的，其实不是十七八的诸位，而是那些大人。

我在第二讲主张"内心轻视老师"的不道德观点，打算向你们传授对付大人的策略。这是因为，大多数老师都是大人。各位觉得，学校的老师不对劲。没错。在我们的少年时代，学校的老师也大都不对劲，说起那个时代的感觉，令人喷饭。另一方面也有一味求新的老师，这样的老师更加叫人受不了。我们内心轻视老师，也情有可原。

某次，一本正经的中等科长（指初中的校长，是学习院的叫法）走在校园里，树下突然伸出一支枪管，冷冷的枪口开了火：

"砰！"

中等科长慌忙跑起来，但是其他方向的树下又有泛着蓝光的枪口伸出来开火：

"砰！"

科长跑啊跑啊，就在他以为冲出了包围圈、逃出生天时，其实他是被巧妙诱导，掉入了精心布置的陷阱里。看似开枪射击，实际上是二人一组躲在树后，一人用子弹没上膛的空枪做瞄准状，另一人在脚下扔摔炮而已。

在数年前引起争议的电影《暴力教室》里面，有棒球投向黑板的场面，令人震惊。但我们的时代更不得了，还有人拿刀子投向近在咫尺的、老师身旁的黑板。做学校老师，就是做豁出性命的买卖，并不是从现在开始的。

更加纯粹的恶作剧，是捉弄同班一个叫 K 的不太机灵的学生。上音乐课时，在老师从黑板一端到另一端，抄写长长的乐谱的时候，我的邻座 M——他总是以欺负 K 为乐——先把手放进外套的兜里，做出手枪的模样，然后挨到 K 的耳旁，厉声威胁说：

---

① 即石原裕次郎（1934—1987），日本演员、歌手。

"喂！脱下外套，不然就打死你！"

"啊！我脱我脱，马上就脱！"

"快脱！"

"啊，等等，别开枪。饶命……"

外套脱掉了。接下来——

"听着，衬衣也得脱！"

"是、是，我脱了、我脱了。"

"不脱裤子，我就开枪了！"

"啊，我脱啦，等一下。"

等老师写完长长的乐谱，拍拍满手粉笔灰，回过头来，却见一班穿校服的学生当中，唯有一人只穿着短裤瑟瑟发抖。

青春期的特征是残酷。看似多愁善感的少年，都具备天然的残酷。少女也残酷。同情心这东西，只会跟大人的狡猾一起成长。

我好像有点儿跑题了。所谓学校的老师，是必须超越的存在。学校的老师并非无所不知的。而且最难办的是，老师自己早已告别了青春期的烦恼，把其中大半忘掉了，不可能再一次活在其中。

关于青春期，诸位比老师要清楚得多。人生幸好有忘却，才活得不至于太难；假如有一个老师真正烦恼着你们的烦恼，老师自己肯定在大人和少年的矛盾中纠结不休，自杀了事。

从我自己的经验看，我对"人该怎么活着"的问题，是真正独立思考、通过读书思考的，老师几乎没教给我什么。

期盼被他人理解是软弱的表现。老师们会进行教育：加以训示，教给知识，试图理解学生。事情尽管做，因为老师们吃这碗饭。

但是，诸位渴望被理解，为总不被理解而闹别扭或反抗，都是软弱的撒娇而已。"哼，老师么，老师凭什么能理解我们呢？"脑子里应该先这样想，那就没错了。在此之上，不妨再拿出点气概："哼，学习就学习，我不必得到别人的理解。"我想说的，就是这一点。

在老师身上，某种程度体现出大人世界的可悲、生活的艰难。丝毫没有这种气息的老师，可视为富家子。老师们的西服袖口大都已经磨破，沾染了粉笔灰。学子们大可内心里瞧他不起："嘿，穷光蛋！"能总是轻慢人生和生活，正是少年的特权。

也不妨对老师持怜悯之心。对薄薪的老师，不妨给予同情。老师这一种群，是诸位遇见过的所有大人之中最好对付的大人。这一点不能搞错了。今后诸位将要遇见的大人，比最刁的老师难对付几万倍。

这么想的话，就不妨体谅老师，内心虽瞧他不起，知识还得充分吸收。对人生上的问题，则须打定主意：小孩也好大人也好，必须付出同样的力量，自己去解决。

真正说来，唯有斗志的少年才能做到瞧不起老师。他预感到自己的敌人更难对付，必有一搏。这是成为杰出者的条件。以为世上老师最伟大、无所不晓、完美无缺，这样的少年可有点儿令人担心呢。但是，另一方面，不是"内心"瞧不起，而是付诸行动、小瞧老师的少年冒失鬼，则也属于软弱的娇气包，肯定的。

多撒谎

华盛顿与樱桃树的故事，大家也很熟悉吧。故事说华盛顿小时候砍倒了樱桃树，因为他老老实实对盛怒的父亲坦白"是我砍了树"，反而得到了表扬。这故事也实在太棒了，令人觉得华盛顿有这么个好父亲，仿佛是个歪打正着的幸运儿。世间百分之九十九的父亲都不咋的，犯事的儿子难免啪地挨一耳光：

"是你小子干的？"

当父亲的也是人，未必总是道貌岸然。

这种故事须警惕的是，为了宣传"诚实"的美德，拿来一个极为特殊的美谈，希望人们接受。然而，在社会上，老实人往往吃亏。

比起黑乎乎的"撒谎"这种词，我自然更喜欢"诚实"这种亮堂的词，仿佛刚从洗衣房取回的衬衣似的。出于自恋和虚荣心，我认为自己是相当诚实的人。不过，即便是我，在"不肯吃亏"这一点上，也跟常人一个样。

太老实有时甚至会送命。战后日本粮食困难时期，曾有一位法官因绝对不碰黑市粮食，最终营养失调而死。他的死并没有太赢得人们的同情，是因为面对一个"诚实"直接导致"死亡"的实例，心情实在很糟糕。

与那时相比，这阵子自称诚实的人好像多了不少。有人会说诸如"我这人最讨厌绕来绕去，我有生以来就没撒过谎"之类的话。之所以能这样，既因为现在粮食丰足，不会因诚实而送命了，还因为人是善忘的，撒谎这种于己不利的事情，自己一厢情愿就忘掉了。

柳田国男先生在《不幸的艺术》一书中，就撒谎与文学等的关系，大书特书为撒谎辩护。他指出，撒谎里头，有有趣而无罪的撒谎，也有令人憎恶的撒谎。武士阶层过于严格，为了排斥前一种撒谎，说凡撒谎就是坏的，什么"撒谎是小偷的开始""死了下地狱、被小鬼拔掉舌头"之类的。

他进一步说："撒谎原本有多天真，对孩子做一个试验就能明白。会撒谎的小孩，限于感受性较敏锐且应付外界游刃有余的人；这样的人很少，一个班里就一个半个而已。毫无疑问，每当撒谎成功，会助长这种念头，技术也会提高，可能变成做坏事的开端，但那么做的时候，他们的撒谎是纯洁的。"

我念小学时，有个爱瞎吹的小伙伴，说什么"我家院子里跑着小火车，中间有停车场"，他是个相当优秀的学生。

不妨撒个谎试试吧。一个谎会产生另一个谎，不留神说出了真相的话，谎言就露馅了。为了谎说得圆，需要很强的记忆力，记住自己说的任何话。所以，笨蛋撒不了谎。

常常有人骗婚。且不说声言要与对方结婚的，有人甚至举行了婚礼、拐了钱溜掉。这种人还真够吃苦耐劳的——撒谎很伤脑筋，消耗极大能源，怕麻烦者撒不了谎。世上人怕麻烦，变得诚实了；很多人怕麻烦，结果老是吃亏。所以，作为锻炼头脑的方法，撒谎颇有效。

回到华盛顿的故事上来：如果他说"砍樱桃树的不是我"，会怎么样呢？

这一来，他因为内心有愧，觉得自己卑劣，所以挺难受。也许华盛顿明白，自己幼小的心灵会因撒谎而受煎熬，所以就诚实地坦白了。一般而言，所谓有勇气的举动，源于对另一种事物的恐惧；完全没有恐惧之心的人，没有产生勇气的余地，这样的人只会无法无天。

总对恋人撒谎，最终肯定要被憎恶；出于对此的恐惧，就不想在恋人面前撒谎了。可是，希望自己在对方眼里更棒，这是理所当然的恋爱心理，于是恋爱中的人对于吹牛便不大有良心苛责，随意就来。这样做不仅仅是为了自己，有时也是一种体贴，是出于不破坏对方心中的自己的形象。有一部旧影片，叫《黄昏之恋》，女主角奥黛丽·赫本撒的谎，就属于这一类。

我之所以这么替撒谎辩护，是因为撒谎的问题，正是从青春期到成为大人的最根本性问题。十七八岁的年轻人疾呼："大人撒谎！别饶了大人！"他们不能原谅他人的不纯洁。然而，以我的经验，没有比二十岁前为维护一副诚实的面孔，而对自己撒更多谎的了。没有自信却逞强，也是一种撒谎；喜欢却摆出讨厌的模样，也是一种撒谎。在这方面，大人渐渐少对自己撒谎了，取而代之，是对他人、对社会撒谎。不妨说，撒谎本身的绝对数量是一样的。只是不到二十岁的年轻人不想接受这一点而已。少年们关于性方面，对自己撒的谎可谓令人吃惊。自以为是凭性欲而行动的太阳族[①]，其实渴求精神性的恋爱，这也是一种撒谎。

大家既然撒谎至此地步，再说什么"得诚实点"也没意思，不妨多多撒谎就是。撒谎骗人是不好，但就人生而言，以为骗了人、最终反被骗的太多了。

"你骗父母说去上学，其实天天上电影院、溜冰场。你不惭愧吗？"

被人这样说也太司空见惯了，要撒更来劲的谎，不妨骗人说自己天天上电影院、溜冰场，其实是上学去了——您意下如何？

撒谎都具有独创性，是使自己出类拔萃、创造独特自我的技术。那些不良少年、犯罪者撒的谎，即便相当机巧，也是落入俗套的，大体是"撒谎说去上学却泡在溜冰场"呀、"撒谎补习费涨价却骗父母的钱"之类，充其量是这么一个过程：由掩饰面子的谎言出发，渐渐就露馅了，成了犯罪。要来真正的撒谎，必须抛弃面子，直接与人生碰撞，也就是说，似乎得是一个异乎寻常的诚实的人。

[①] 指日本二战后放荡不羁的青年，行为不受既存秩序或道德束缚，名称源自石原慎太郎所著小说《太阳的季节》。

给别人添麻烦

我是写小说的,因此就有种种麻烦事情。可被人以死相逼,就很讨厌;即便只是吓唬,我想起来心情就很坏。

那是很久之前的事了,某年轻人寄来这样的信:

三岛由纪夫君(呵呵,这可是女学生喜欢的笔名):
我们决定去死。我们是世上无与伦比的恋人。
某天傍晚,当我带着一大堆你的作品喝咖啡时,她走过来说:
"你把这些书都卖给书店吧。我也刚刚卖掉了选集。一本一百五十元。"
不可思议的是,我一下子全懂了。她懒洋洋地走向自甘堕落,简直就像悦子(拙作《爱的饥渴》的女主人公)一样。
卖了书,走进啤酒馆,我们首先为彼此要死干了杯。
她写有八百页作品,而我什么作品也没有。可我是个艺术家啊。也就是说,从十三岁到现在二十岁,我天天都在创作。
我断言:我也会因意识的极限而突然昏过去。我知道手淫是在三岁，纪德是在四岁，真是坏奶妈。大大早熟和大大晚熟奇妙地混合于我一身……我累了，从走的钢丝上倒栽下去。怕年龄的复仇啊。现实里没有任何一样东西支撑着我。

我忠告你：你这么大名气，挺受女人欢迎吧。也不会被女人嫌弃太唠叨吧。你别写小说了。在论川端里说的无聊的自我辩护也算了吧。什么都别写了。

我不明白她为何要死。肯定因为我们是你小说里的主人公。一对俊男美女终究要殉情而死的。小说主人公要迈向死亡，感觉不跟作者说一声也不好。

此刻，我跟她都沉浸在奇妙的忘我境界里，面对面傻笑。我们食欲旺盛。她提议道：

"死前去见三岛由纪夫君一面吧？"

这封奇妙的信就这样结束了。被一个未曾谋面的二十岁小青年突然以"某某君"称呼，措辞粗率地胡扯一通，一般人会挺吃惊吧，而我倒不大意外。就职业而言，我会在愉快的新年里，收到陌生读者诸如此类的贺年卡："新年啦，混账东西，你见鬼去吧！"

说要寻死，这实在叫我为难；而让别人留下"你别写小说了"的遗言，我也实在消受不起。除此之外，死前还要来见上一面，我不是那不勒斯，没长一张名胜古迹的面孔，大可不必"看完了那不勒斯就去死"[①]吧。

话说回来，信写得相当棒。装横耍泼，但有一股气势，没有比这封信更直截了当的了。首先，我对他的"她"产生了兴趣。她十

---

① 语出意大利谚语（Vedi Napoli e poi muori），多译为"朝至那不勒斯，夕死足矣"。

分女中豪杰；他之所以想死，肯定是受了她很大影响。"她"肯定还是个文学少女，并非单纯的坏家伙。

……也许，这封信纯粹是开个玩笑，但它激发了我的空想。

夏天。万物耀眼。在某个昏暗的咖啡馆里，初次见面的少男少女意气相投，边舔冰淇淋边聊天。事情至此，属于城市里常见的风景，并不稀奇。

突然，少女说道：

"好想死啊。我——真的想死。"

这种心理，在人年轻时也不稀奇。即便你想以理服人，问她"你为什么想死呢"，也得不到多少回应吧。她充其量说：

"刚刚飞来的蛾子，在我水杯的水面上撒下了磷粉吧？看着那银色的粉，我突然就想死了。"

或者说："最近我的腿变粗了。跟朋友一比，我的腿粗了五厘米。这样下去可真是惨不忍睹。我想趁漂亮时死掉。"

又或者说："早上一留神，我发现整个屋子里都印上了我的指纹。我碰过的东西就会印上指纹。啊啊，人好脏！我这么一想，就巴不得早一刻死掉。"

只能得到极不合理的回应吧。

且说，她面对的少男，也突然像传染了喷嚏或哈欠一样，想要死掉。"我们去死吧"这种话，也跟"去外国吧""买飞机吧"一样，由相信是不可能之事，渐渐感觉是可能的了。仿佛转念一想，世界就变成了玫瑰色似的。迄今忧郁的二人，变得开朗、快活起来了。即便走出咖啡馆，并肩走在大路上，他们一想到自己马上要死，便不由得感觉握有特权，瞧不起所有行人，感觉那些是彷徨在比自己低好几等之处的人。

反正是死,死得轰轰烈烈吧!才二十岁左右,也没做过多大的坏事,与其之后的三四十年在社会上混,不如给社会添点堵好了。

……这样想着,二人的思路渐渐转向他人、转向社会。由单纯的情死、自杀,渐渐变成了对社会的诉求。也就是说,接近于做坏事了。

"咱们不是爱读他的作品吗?死之前,去瞧一下他长啥样子吧?"

"死之前,骗走店里的钱,随心所欲奢侈一把!"

像这样,把自己的死作为自我辩护的最佳挡箭牌,尽可能给别人添麻烦再死掉——我觉得,自杀原本是一种自我目的,现在自杀的意义渐渐淡薄下来,却变成针对社会的重大行为,想想就很没劲。

假如这里有一对少男少女,他们不觉得这样做没劲,真的骗了店家的钱,那么其自杀已经脱离了纯粹的动机,即便自杀付诸行动,也不过是窝囊的自杀,只为逃脱恐惧而已。

所以,反正要死的话,就想个带劲点儿的死法吧。要搞得有声有色,尽量给别人添麻烦。这就是我的防止自杀妙法。

小偷的效用

古希腊的斯巴达奖励少年们的偷窃行为。众所周知，斯巴达是尚武城邦，所以，偷窃被认为是磨练士兵身手的训练。实际上，假如肯定战争这种国家偷窃行为，也就必须肯定个人生活中的小偷。总而言之，希腊人的思维合乎逻辑。

根据大学者的研究，古代各民族的道德有两种原型，可大致分为罪的道德和耻的道德。前者的代表是基督教道德，原罪意识、良心等等，以人的眼睛看不见的部分为道德。后者的代表是希腊道德（日本的道德也属希腊型），重视耻、体面等等，做事情只要不被人看见而丢脸，那就行。单一个小偷行为，在希腊人看来，道德的条件就是：你做得敏捷潇洒，对方没察觉，你没搞砸被逮住。

关于这一点，有一个著名的英雄故事《斯巴达之狐》。有一位斯巴达少年出于逞英雄的动机，偷了某农户的狐狸。然而人们追了上来，抓住了他。少年把狐狸藏在自己的衣服下面。众人审问他：

"喂，是你偷了狐狸吧？"

"不，我没偷。"

"你撒谎，确实是你偷的。"

"不，我没偷。"

在少年坚决否认之时，狐狸咬他的腹部，他咬牙忍受着痛楚，顽强地坚持：

"不，我没偷。"

僵持中，狐狸咬破了少年腹部。少年痛得直冒汗，却依然忍着，矢口否认："不，我没偷。"最终，他一下子倒在地上，死了。

到这一步，偷窃一事也就暴露了，少年因其自制的意志力而被视为英雄。

以今天的眼光来看，这似是而非，但既然是做小偷，就必须是这么棒的小偷。法国有位著名的小偷作家叫热内[①]，他由自己的小偷生活自白，写下了诗一样美的作品，名声大噪。而热内获邀到文人朋友家做客，依然不改顺手牵羊的习惯。这位以小偷的狼狈境地为跳板、自我神圣化的作家，萨特将之褒扬为"圣热内"。简直就是说，与其做马马虎虎的道德家，不如做彻彻底底的恶人有救，这种思想也见诸我国的亲鸾上人[②]。

虽冠以"不道德教育讲座"之名，我完全没有建议诸位做小偷的意思。做善人难，做小偷也不易。想要成为斯巴达少年或者让·热内或者石川五右卫门那样的小偷，比起成为三等国家日本的总理大臣之类，更需要为之舍身的觉悟和独到的天才。没有这样的觉悟和天分却想做小偷的家伙，其下场不过是为报纸社会版增添几条花絮而已，成不了出色的小偷。大作曲家、江洋大盗，不是谁都

[①] Jean Genet（1910—1986），法国作家，作品有小说《玫瑰奇迹》、自传《小偷日记》等。

[②] 亲鸾上人（1173—1263），日本镰仓时代的僧侣，佛教净土真宗开创者，谥号见真大师。

干得了的。日本的商品经常因为盗用外国设计出问题，也是因为彻底丧失了一流小偷的精神之故。日本的政府也好、军人也好，一直以来偷东西都很笨，像人家世界第一大盗英国偷走印度这样的大活儿，想都别想。

在迄今听说的小偷里头，我觉得"这家伙脑子好使"的，是砂糖小偷的故事：那家伙在制糖公司的仓库不远处养蜜蜂，是个无本生利的养蜂人。他让蜜蜂当小偷，你奈他何！

实际上，近来的"盗亦有道"已沦落无道！天哪，得比常人多花一倍脑筋的活儿，他们竟想不动脑筋就搞定！另外，假如是合理的小偷，应花心思让偷得的钱与罪名相适应，可天哪，他们完全不考虑这些。在此意义上，差中之差，就是偷汽车的贼，害一个人才偷个三百元，成何体统？真是小偷里的败类。

现在，老师爱说"道德教育"什么的，但我认为，在革新"善的规则"前，应先革新"恶的规则"。现今社会的危险，来自恶的规则乱了。从前的黑社会对正经人不胡搅蛮缠，现在的黑社会无区别地伤人。从前的小偷不为区区几个钱就害人，可现在，请看看那些偷车贼！

我认为，要更多地恢复斯巴达少年那样的训练。政府要设立国立小偷学校、国立黑社会学校等等，好好地教授恶的规矩，让脑子差的家伙都不及格。那么一来，这阵子的那些小偷，百分之九十九不及格；既然不及格，只好慢慢走上另一条路——变成善良的市民。善良市民的数量，一下子比现今多数倍了吧。

就说我吧，也曾有过小偷小摸之事。所谓小偷小摸，并非顺走咖啡店烟灰缸那种小家子气的事，而是偷名牌——纯金的派克钢笔。

已经是五六年前的事情了，我在此坦白吧。在某剧院走廊，我偶遇某相熟的电影女演员，聊了起来。当时戏刚落幕，人潮正退场。这时，一个女孩子看见了这位电影演员，喊了起来：

"哎呀，是某某子呀。"

她说着，递上本子要求签名。随即又有四五个人围过来，但不巧女演员没带笔。

"不好意思，我身上没带笔。"

她说着，想借口拒签，但马上有一人递上一支纯金派克笔，说"请您用这个吧"。

其时已围上了十五六位影迷，手忙脚乱的女演员用那支笔签完又签，要签名的女孩子走了又来。到人潮退下时，留下女演员孤零零一个，手上拿着刚才那支笔。

"哎，笔是哪位的？"

她说着，环顾四下，却已空无一人。我突然起了恶作剧的心，就说道：

"那我收着吧。"

我把那支笔装进了兜里，此事随即丢到了脑后。大约一个小时之后，我跟大家在夜总会玩时，觉得兜里沉沉的，伸手一摸，原来是刚才那支钢笔。

我大肆张扬说出事情来由，自豪地宣称拥有它。那一整天，我为这件偷窃行为而兴奋。即便有人读了这篇文章，前来索还，我也不干。

处女道德吗？

从前听说过这样一件事：太阳族在战前就多得是，某几位富家千金夏日里在避暑胜地的酒店和男友们纵情玩耍。其中一位处女姑娘被"狼群"盯上了。某夜，她被灌了酒，一名青年在酒店房间里对她施暴了。

事情至此是常有的。然而，小伙子太年轻，尚未完全得手便结束了。姑娘不知这一点，第二天早上醒来时，认定自己已失处女之身。之后不久，她相亲成功要结婚了，她唯一担心的是自己已非处女。她心事重重，日夜烦闷，以拼死的姿态度过初夜。岂料新郎感激新娘子是货真价实的处女，开诚布公表达了这份感激，弄得她瞠目结舌。

这么一来，是否肉体上、生理上的处女，已经没有意义：她第二次失去了处女之身。第一次是精神上的，第二次是肉体上的……而且，第二次、肉体上失去处女之身时，她不仅不是精神上完整的处女，她自己也并不知道自己仍是处女这回事。

从前常有"半处女"的说法。指某些女人即便肉体上是处女，精神上完全老于世故。

人兼有肉体和精神，是一种麻烦。刚才那位姑娘的事件中，精神上的误解和肉体上的误解相辅相成。人，往往不是误解了自己的肉体，就是误解了精神。反之亦然……于是，"处女"这个词，纯粹只具有生理学的、肉体上的意义，所以，想用这个词从道德上衡量一个人，无论如何都很勉强。不能说"因为不是处女，所以不道德"诸如此类的话。

然而，所谓肉体上的误解可免、精神上的误解长存，说的是什么呢？那就是妓女。她们很清楚自己的身体是标价卖钱的，同时自己的整个存在已规定为妓女，于是，她们就误以为自己一辈子大局已定。

与此相反的是处女。刚才说的姑娘是个好例子，肉体上的误解，是处女的特质。自己是不是处女？究竟有没有处女膜？想来真是不靠谱。搞不清楚。自己肉体的意义何在呢？读书、听别人意见，都弄不明白。可就这样，对自己的精神也绝不会误解。处女们知道，无论谁、无论美丑，自己的人生都向着未来无数的可能性开放。

且说在久远的从前，处女和卖淫曾有密切的关系。

据希腊历史学家希罗多德说，在公元前五世纪，所有女子都要参拜祭祀巴比伦尼亚的维纳斯的米丽塔寺庙，并且因为女神崇拜，须委身于第一个投硬币到其膝下的陌生男子。规定当时布施的钱无论多么少，亦不得拒绝，而且那些钱作为香资，是捐给寺庙的。像这样，她们委身于男子，供奉了米丽塔寺庙，这才算侍奉过女神而返家，之后贞洁地生活。

这样的风俗，在希腊科林多的维纳斯神殿也有。

另外，关于处女，还有这样的说法：

古代斯拉夫族的女子婚后要为丈夫严守贞操，但在姑娘时代，则可跟任何喜欢的男子同床共寝。所以，据说当一个男子和一个女子结婚，证实妻子是处女时，会立即离婚，把她赶出家门：

"如果你是一个有优点的女人，不可能无人问津。你肯定是个很没劲的女人！"

然而，另一方面，在原始民族中间，也有重视纯洁观念的。据说在塔希提岛的土著中间，婚前少女会被严加看管，保证其品行没有过错；而在男子方面，人们相信婚前那段时间节制性行为者，死后即前往极乐净土。

大体上，重视处女的是基督教文化；不仅如此，基督教还憎恶人的性欲本身，假如尊崇处女为纯洁之物，那么性欲就是不洁，若不加藐视则逻辑不通。在这一点上，基督教的确是合理的。

基督教的禁欲主义到了极端，简直是一种漫画；像七世纪中叶著名的英国主教圣奥尔德赫姆那样，为了消灭情欲，想出了漫画式的办法。

当圣奥尔德赫姆陷于性欲的迷惑时，在心灵复归平静前，他让女性或坐或躺在自己身旁。这一方法有很大好处。因为他觉得，恶魔看见他这副狼狈相时，认为"这家伙已经如此不堪"，不打算进一步诱惑他了。

另外还有叫"初夜权"的东西，酋长或君主行使这一权利。据说直至十九世纪还有俄罗斯的地主主张初夜权。

关于处女的奇谈怪论说不完。

君主或祭司行使初夜权，产生了尊重处女、处女崇拜的思想，但与此同时，另一面是各民族中也有了处女禁忌的思想。在印度的果阿或本地治里等地，就像男性的割礼那样，举行一种使用神圣物体和器具的破瓜仪式。有民族认为，如果错与处女交合，即便时值严寒，也要赶紧泡进海里清洁身体，否则会得病致死。澳大利亚中部的土著认为丈夫带新婚妻子回家前，必须用手杖破瓜，否则灾祸马上会降临。

我这样引述书籍中的种种奇谈，是希望大家明白：单就处女这回事，在现代人的社会常识之外，各时代各民族的思维方式存在着差异。

下一节将目光转向现代处女观，探讨一下不道德教育的目标吧。因为我觉得，单就本节的叙述，大家的道德观已不知所措了。

别把是不是处女作为问题

这阵子,"处女"呀"纯洁"呀这种词,似乎多了许多用法。喝酒的地方常见这样的玩笑:

"我今晚还是处女呢。"

在部分女孩子中间,据说流传着这样奇特的说法:"跟讨厌的男人上一次床,就不再是处女了;但跟喜欢的男人上床,照样是处女。"这么一来,"处女"一词的意思,就跟"自由意志"同样,是一种非常勇敢的精神主义了:"只要自由意志没被践踏,纯洁永远保持。肉体上的处女、非处女不是问题。"

不过,自古就有一首民谣说:"露水说跟芒草睡了,芒草说没跟露水睡。"跟讨厌的男人上床好没面子,表面上就跟说"女人都是处女"一样吧。

在希腊的"达夫尼斯和克洛艾"的故事里,处男达夫尼斯和处女克洛艾到了同床共寝时,不明白该怎么弄,怎么也没成,很失望。后来达夫尼斯得到一个半老徐娘的启蒙,终于掌握了方法。我在日本小说里也读过这样的故事:夏夜里,一对恋人共鸳帐,因是处女和处男,怎么也不能成事。出于无稽的性无知,以科学上看很愚蠢的理由草草离婚，这种事情以处女和处男的婚姻居多。我常常听说，无知的丈夫娶了个处女太太，令人担心他们好事难成。

美国盛行异性爱抚（petting）和拥抱接吻（necking），与其说害怕失去处女之身，不如说是害怕怀孕，因为在美国堕胎一般是违法的，所以十七八岁左右结婚的人，多是所谓"奉子成婚"。因女方逼婚贻害将来的例子甚多，这从电影《兰闺春怨》来看就很清楚。曾听说过，在美国的女生宿舍，和男友爱得狂放的女生因担心怀孕而失眠，让大家很烦。未几，终于证实没有怀孕，那女生喜极乱舞，将枕头抛上了天花板。说到女人，从婴儿宝宝到该上楢山①的老太婆，存在无数阶段；即便一句"非处女"，只犯了一次"过错"的非处女与阅男上百的非处女，是天差地别的两种人。即便奉处女为神圣，就认为唯有处女神圣，那是错误的；就女人的神圣方面，有无数阶段和无数细微差异。

我写过一个剧本，叫《蔷薇与海盗》，描写一位女主人公，仅仅一次被强奸使她有了孩子，之后她不再委身于任何男人。这样的女主人公的思维方式在大家看来挺古怪，但我写来不觉得特别离奇。我一向认为，女人的思考，应该比较有逻辑、比较科学。

最近一份桃色报纸刊出了某女子的告白，说自己先被某电影演员夺去处女之身，复遭抛弃。之后作为对某电影演员的报复，她与许多男子发生关系，同时仍憎恨他。这种恨法真笨到家了，被怨恨的电影演员才求之不得呢。

她失去了处女之身，但她自己还要再往前迈一步，连精神上的

---

① 日本信州深山，山下村庄的习俗是老人到了一定年龄，须送入深山，任其自生自灭。

处女之身也放弃。即便失去了前者，没有必要胡乱连带着把后者也失去；所以，《蔷薇与海盗》的女主人公虽失去了前者，但她凭着自己的自由意志，决心绝不再失去后者。

失去前者，往往只是一个事件。而失去后者，说来是自己的性情输给了社会上的下流常识。是自己主动屈服于社会上的低级趣味——"失去处女之身的女人，就是脏女人。"

所以，如果有女性因为失去处女之身而想不开，我就这样忠告她："不必耿耿于怀，忘掉那件事吧。不要被桃色小报那点儿生理学专栏所迷惑，鼓吹什么'女人生理之憾——难以忘怀奉献了处女之身的男人'，诸如此类。认定自己依然保有精神上的处女之身，行为谨慎直至结婚为止；那件事作为一生的秘密，绝对不要向他人和丈夫提及。"

"处女"这回事，是上帝精心构造的，是肉体上、精神上都难以攻破的。除非有强奸等犯罪的场合，否则很难失去。

前些时候听说了这样一件事：某男迷上了一位十七八岁的女招待，店子一关门，就约上她去夜总会跳舞；夜深了，便借口"肚子饿了吧？去吃个泡饭垫垫肚子吧"，把姑娘带去日式酒店。她也满不在乎跟着来，没有显得为难。

虽说是穷人家的姑娘，但她干净利索的短外套下，是大人式的西裙，身体成熟标致。看来男子瞩目于她，也是因为她在酒吧对镜舞蹈时，腰肢动人，似已阅男无数，对镜中舞姿顾盼自得。她似乎对自己的魅力颇为陶醉。

二人独处时，男子吻了她，但她毫无反应。刚吻完，她就扭过嘴巴，说"哎呀，肚子好饿了"之类。

"别急,我马上叫泡饭。"

"可我是真饿了呀。"

男子伸手去她衣服后背,想解开扣子,谁知她像动物似的猛一躲,干脆地拒绝道:

"我讨厌这样子!"

男子想这下子糟了,但接下来的瞬间,她又若无其事了。

于是男子转念放了心,伸手想摸她的裙子,她随即又暴怒,满脸通红、不留情面地斥责道:

"讨厌!这种事情!"

她生起气来完全没有征兆,下一瞬间又若无其事,嘴里哼着爵士乐曲什么的。

男子曾尝试着邀她去旅行,她满心欢喜地说:

"好开心呀!我还没去过箱根呢。我一定设法瞒着家里,去旅行!"

她十分本能地具备防范意识,而跟人入住酒店的态度又极轻松自然,男子无从得手,只好断念,空手而归。

"那家伙肯定是处女!"

男子每次必这样断言。这倒像是口头上给对方颁发勋章了。顺便说一下,有处女膜这怪东西的,据说在生物界里只有鼹鼠和人。

早一刻丢掉处男包袱

上一代的幸四郎[①]曾问某人：

"你何时失去处男之身的？"

结果对方支支吾吾地说：

"这个……我这人似乎比别人晚熟，实在不好意思……"

幸四郎再追问："晚些无所谓，大概何时吧？"

"哎呀，实在太晚了。"对方不好意思地说，躲不过了，才挠着头，害臊地说了，"嗯，是在十三岁那年。"

问得太棒了！实际上，那时的歌舞伎演员是被年长女性宠着的，很多人更早就失去了处男之身。今天十七八的少男再怎么狂，跟这个也没法比。

川端康成的小说里有这样一个美丽的画面：一个感到处男重负的少年对着月亮喊道："把我的童贞给你！"如此麻烦且沉重的包袱，少年巴不得早一刻扔掉。

少男少女杂志的"解疑解惑"专栏里，不时有"被夺去童贞的男子"之类的标题，把女方称为"魔女"，这错得太离谱了。这样的女人，其实是菩萨。在这点上，法国人就看得开，有一个描述偷走处男之身的电影叫《青麦》，很美。

但是，且不说大学生必上妓院的年代，在废除了红灯区的今天，失去处男之身的机会不可能各人均等。对男性而言，比起美丑，魅力大小，今后将越发影响到人生道路吧。这才叫做上天给予的机会，自己把童贞当抢手货，喊着"我把童贞献给你"地兜售，绝对是假货色。我听说过这样的事：从前旧皇族的亲王殿下与某千金小姐谈妥婚约，大宴宾客。席间殿下公开声称"我是处男"，平日了解他的学友们好不容易才没有笑疼肚皮。盖因亲王殿下绝非处男也。

然而这个故事已太过时，我认为，现今无论何种质地的千金小姐，也都不把要做自己丈夫的男人的童贞作为必要条件了。如今，所谓男人的童贞（虽然女人的童贞仍作为通用货币），已经完全变成没有价值的旧货币了。尼采也在《查拉图斯特拉如是说》里面这样说：

"难以纯洁之人就放弃纯洁吧。与其勉强保持纯洁，导致这种纯洁变成通往地狱之路，变成灵魂的泥土和淫欲之路，不如抛开它吧。"

此话完全是真理，童贞期的男子乃不洁之物，满脑子猥亵妄想，不具备透明的精神。

然而，处男的期限实在各不一样。曾有一位二十九岁结婚的学友请求我：

"我坦白一件丢人的事情：我还没有性经验，请你教教我该怎么样做。"

我吃惊不小：这家伙好爱惜身子啊。可说到我自己，也许因为

---

① 歌舞伎演员传承的名号，全名为松本幸四郎。

缺乏魅力吧，相当晚才失去童贞，成为人生一大恨事。回顾此生，丝毫没有因此而获益。

要说男人的人生大悲剧，就是误解女性。越早抛弃处男之身，就能越早从对女性的误解中醒悟。对于男人来说，这是确立人生观的第一步，等闲视之而形成的人生观，到后来都将不甚牢靠。

那么，在连红灯区都废止了的今天，不方便找破处男之身的另一方了，但唯有处女则坚决避之为宜。处男和处女的组合至为无聊，对彼此最扫兴，相互没有一点益处。但是，社会上好此道的并非处女的半老徐娘中，有一种女人尤嗜处男，特别珍视处男。我希望这种女人现今奋起，挺身而出实践菩萨道，坚定决心以一人之身，接纳一百或二百处男。

不过我要警告这样的女性，男性的性欲，并不仅仅在于使女性的自负满足，也在于使他自己的自尊心满足。这一点请千万不要忘记。

我必须对这样的"女子挺身队"说清讲透："处男的自尊心，比起少女更易受伤害。"面对处男，须十分照顾对方作为男性的自尊心，贤明、亲切、熟练、冷静、沉着地处理问题，决不可玩弄侮辱性言辞。必须考虑到姐们儿的一言半语，将决定一个男人一生的女性观、人生观，要以菩萨之心为心，实践菩萨道。

其次，我要对处男诸兄进言：要警惕世间还有许许多多假冒的"嗜处男"女人。这样的女性才是魔女，她们绝非要破诸君的童贞，而是诱惑诸君至"临门一脚"之处，在差之毫厘时拒绝，伤害诸君，使之陷入神经衰弱；她们这种人会顾自玩起十分残酷刺激的惊险来，顺带掩盖住丑闻。因为这种事情出乎意料地多，所以眼看自己将要沉溺于不可以身相许的女人，处男诸君务必忍痛逃走。这种女人是妖精，以精神上虐待处男为乐，在都市里多得是。目前我就知道一个实例：一名年轻人被这种女人勾引，完全陷于神经症而自杀。

二十岁前的年轻人属暴力性欲，被人诸多诟病，但我认为，原因在于学校里缺少好的、性方面的女教师。在法国，到处都有中年女性教师执掌教鞭，她们善于处理性方面的问题，产生了良好的社会效果。日本也该走到这一步。即便是日本，在《源氏物语》的时代，也是那样的环境，文明较之如今进步。不妨认为，从本质上说，所谓"优雅"，就是性方面在行的意思。

依我看来，似乎"嗜处男"的女人里头，以自恋和自卑混合着居多。也有源于年龄上的自卑感吧。如果对方是处男，她与其他女人相比，就挑不出毛病，她对他而言随即可以代表全体女性，成为女神，成为维纳斯。

但是，事情往往不能尽如人意。从失去童贞时起，这个人就成为了男人。只要他不是一个多愁善感的少年，一下子就能预见到自己面前是无限的自由，是宽阔的海洋，是数不清的港口。但是，以后上了年纪，少年永远会带着感谢的心情，回忆起最初的女性吧。

从女人身上捞钱

　　这是从出租车司机那里听来的故事：某日深夜，在池袋站附近，一个年轻人叫停了一辆小型出租车。年轻人看上去挺正经的，却犹犹豫豫不上车。

　　"老板，怎么啦？"

　　"哦，我身上没钱，可以到家之后付吗？"

　　司机对他的诚实很惊讶。身无分文却大模大样上车、到达后猛冲进家门取钱的顾客，在深夜里并不鲜见，但事先特别声明的则是老实人。而且，对方虽然无精打采，穿着却不坏，所以司机好心让他上了车，回应道：

　　"噢噢，上车吧。"

　　年轻人上了车，说去中野；从行车距离而言，这算是不错的生意。但是，在行驶期间，这年轻人陷于沉思，一言不发。

　　出租车驶过深夜里的中野车站，左转右转，终于停在一所房子前面。收费表显示三百三十元。

　　"我去取钱。"

　　年轻人去敲大门。大门开了，出现一个满脸怒容的年轻女子。

"是你！在哪里晃悠到这个时候？"

"你给我三百三十元，我付出租车费。"

"我不出这个钱！逛到深夜，还大手大脚叫出租车回家。我绝对不出这个钱！"

"不好为难人家出租车司机吧？"

"总之我就不出这钱。"

年轻人垂头丧气地返回车上，又下不了决心地坐下来。司机目睹前后经过，觉得他好可怜，但也插不上话。突然，年轻人开口了：

"请开到莺谷。"

"嗯？"司机吃了一惊。"你身上没钱，现在去莺谷会怎么样呢？"

"没事，到了那里，我就能付钱。"

"为什么？"

年轻人低声说："因为我老妈住在莺谷。"

对于这样的收场，连司机也认栽了。司机实在看不过眼，打算亲自去交涉。

"这事交给我吧。"

司机说完，下了车，去跟那位硬气的夫人谈判。

"太太，您虽然可以那么说，可也得替我考虑一下，请您付钱吧。"

"不该付我就不能付！"

"话不能那么说，得解决问题。"

"你烦不烦？不打招呼就摆阔叫出租车，为什么我就得付钱？"

理论到最后，那位夫人仍旧坚持不付钱。司机只好死了心，不过他很体谅人，他让年轻人下车，递上自己的名片，说：

"这样吧,我相信你,这事这么办吧:这是我们出租车公司的地址,我明天上午十一点到中午一点在这里,你过来交钱吧。"

"好的。"

年轻人有气无力地答道。

据说年轻人第二天在指定时间过来交了三百三十元,再三表达了感谢。

诸位,这是多么凄凉的故事啊。

男性威严可谓荡然无存。仅仅没有三百三十元,男人就丢尽面子,真叫窝囊。

我觉得,这三百三十元其实是个象征。换算成美元的话,不到一美元。现代的日本女性,能为区区一美元扇男人耳光。

在现代社会里,男性究竟为何物?高大威猛,并不能够成就一个男人。在这种场合,身上有三百三十元才是。

我试推测一下:以上面那位年轻人为例,他的家庭生活,是靠他挣钱维持的吧。假如是靠夫人挣钱过日子,女人应该不会是那种态度。这个年轻人挣钱即使不够供养太太的梦,也好歹维持着一家生计,斗胆奢侈一下叫出租车回家,便惹夫人动怒了。而这,就是绝大多数现代男性的生活实态了。

这里头恐怕有点失策。

吃软饭的小白脸,会更加堂堂正正地要钱,夺过就走。同时掌握性主权和经济主权,是男性不变的梦想,但这种想法不对头吧?你连资格都没有,却想要两者都掌握,所以女人瞧不起你。实际上,所谓从性方面征服女性,是一种愚蠢的妄想;所谓女人,若非特殊条件,不会屈服于男性的这种妄想。我认为,关键在于创造那样的特殊条件。

大多数现代女性，面对一个经济主权模棱两可的男性，即便从他身上得到了性满足，内心里却不愿接受其性主权。况且男人含含糊糊就想两个方面都做主，就像刚才那位年轻人那样自取其辱。

情夫不一样。情夫觉得经济主权算个屁，没想去抓；他觉得钱是女人奉送来的。女人仰视完全不掌握并且蔑视经济主权的男人，高高兴兴奉送性主权。在她看来，他是性的化身、男性的化身。对于飞扬跋扈地榨取金钱的男人，她们感觉被征服了。这是因为他的主权没有模棱两可的东西。

女人对含含糊糊的东西很敏感。一嗅出含糊之处，马上不当你一回事。现代大多数年轻男子对经济主权含含糊糊，与此同时，性主权也含含糊糊。这才是男性的危机。

古巴首都哈瓦那的年轻人一见美国的老处女游客，就吹口哨撩拨，被女游客带回酒店共寝，第二天早上拿到一点钱，得意洋洋回来。我曾听说某打字员每晚更换这样的小伙子，一个月就搞了三十个男人。等这打字员回美国，找个差不多的上班族小伙子结婚——她一生中，恐怕都不会真正承认自己丈夫的性主权，而是托梦于哈瓦那小伙子们强有力的性主权。这是因为，在美国，她得靠丈夫的月薪紧巴巴过日子，但在哈瓦那，她付了钱。

以我陈腐的教训，就是看来一生收入都不太多的年轻人，应该与经济强、能赚钱的女性结婚，好歹确保自己的性主权、男性威严。

多管闲事

以下是我妻子收到的一封匿名来信，那时我们刚结婚。因为来信没有署名，我觉得公之于众也无妨，所以原样呈现。这是一封充满美好情意的信。

（前略）通过妇女杂志、周刊等等，我对您抱有很大好感，衷心为您和三岛先生喜结良缘而高兴。我是一个平凡家庭的主妇，请原谅我冒昧地给您写信。

您也读了《明星周刊》创刊号吧？写"不道德教育讲座"的，正是您这位三岛先生。我明知这是多管闲事，作为对您有好感的同性，还是请您包涵一回吧，实在是"是可忍孰不可忍"。即便说是工作的延伸，和您这样无可挑剔的人结婚，且已经是数月后的今天，他怎么居然就厚颜无耻地写出《跟陌生男人去喝酒》这种文章呢？

假如您自己是幸福的，其他都无所谓，可社会上——且不说作品，都认为作者是个游手好闲的花花公子。突然看到婚讯时，我实在太可怜您了。

像您这样的女性,理应跟更具诚意而非唐璜式好色之徒结为终身伴侣。明天即为时已晚,此时此刻,请您痛下决心,方能拥有女人一生的真正幸福。

虽很冒昧,但一想到纯真无邪的您,我就觉得不能置身事外,所以明知是多此一举,我还是动了笔。心想您冰雪聪明,不必啰嗦的,还是不由自主了,失敬之处请原谅。笔迹潦草,辞不达意,敬白。

无名之友草

来信的结尾说"不由自主",实在真情实意,的确是一封充满情意的信。

每一所学校,都有"贫嘴"的学生,什么事情他都要插嘴,多管闲事,被大家憎恶,但他自己洋洋自得,觉得是"不由自主"地为人家好。写这封信的人在校期间也会被称为"贫嘴"吧。这种人总是免费馈赠别人大量好心美意。忠告,也是免费的。写信的话,要花十元。为了别人好,十元也就在所不惜了。

这种人的人生是玫瑰色的。这是由于他们永远不看自己的脸,只看着人家的脸,这才是人生过得幸福的秘诀。

有一天,她要出门。呵呵,哪儿都没有什么孤独!所有人对她的多管闲事都期待已久,触目皆是。

道路中间有小孩子玩投接球练习。

"喂喂,危险啊!在那种地方玩投接球,受伤了怎么办?"

她喊道。因为孩子们不理她,最终她走上前去拉扯孩子的手。

"嘿,做人父母的跑哪儿发呆去了!"

被扯住手腕的孩子愤怒地叫喊着,从跟前的篱笆墙下冒出一个面貌粗陋的老头来,凶巴巴的。

"嗨嗨!别动人家的孩子,发呆的老头子在这儿呢。"

她喋喋不休地离开那个地方。社会的无知、缺乏公德心到了这种地步!不过,她人生的前路依然是玫瑰色的。因为随处是她要管的事情。

她搭电车。一位老太婆提着大件行李,拉着手环站着。座位已经坐满,老太婆跟前是一个没有行李的学生,正打开一本无聊的杂志专心地阅读。(啊啊,我想起这样的场面了:战时有叫做"让座运动"的,如果老人、孩子来到跟前,学生应马上站起来让座。我们四个学生一排坐着,跟前来了一位老人。他眼瞪着我们,就像在说"快让座",我们彼此紧紧地拉着身边同学的衣裾以求行动一致,拼命忍耐,坚持到底了。)

她立即对学生的自私自利怒不可遏,发出义愤之声:

"怎么回事?你这个年轻学生,没看见老人家拿着沉重的行李吗?赶紧让座!"

这时,老太婆令人意外地发出反驳的声音:

"不必啦。我还不算老人,而且呢,包里头是棉花。"

车厢里爆笑起来,她在下一站转车了。但是,她还没有失去希望。

出了站,旁边就是公园。时值午间,恋人们懒洋洋凭靠在树荫下的长椅上。这是多么污秽、多么不道德的景观啊!她同情那里的所有同性。她们都是上当受骗的可怜羔羊。

一张长椅上坐着最为悲剧的一对。女子眉目清爽，是那种良家闺女风范；可男青年却剪成美国大兵头，目光凶狠，一副流氓相。这样的一对令人惨不忍睹。她勇敢地上前搭话：

"姑娘，这男人是个流氓啊。宝贵的人生，一去不复返呀。"

男子一听，凶狠的眼睛一瞪：

"喂喂，臭婆子，别教坏我的女人。"

他嗤笑着说道。看不出这男人还挺大度的。

姑娘冷冷地瞥她一眼，对男子说：

"无非就是老处女的性压抑吧。"

"别提什么老处女，我是正派的家庭主妇。"

"既是家庭主妇，敬请带上你的饭勺走路吧。"

就这样，她又得嘟囔着离开了。没挨男人揍是意外幸运了，可为何竟有这种事情——好心好意规劝别人，却要挨揍？

爱管闲事，人的养生术之一。有时候，我们有必要不顾及人家的麻烦，多管闲事。公司的上司给下属许多忠告，接受者再转赠学弟学妹。甚至连小孩子也常常郑重其事给猫以忠告。这些全都是白费劲、无济于事，但多管闲事有一个长处，可以"恶心别人、自己开心"，而且可以带着万古不变的正义感，安全地实施。总是恶心别人、自己毫发无伤的人的人生，永远玫瑰色。因为多管闲事或者给人忠告，是最不道德的快乐之一。

利用丑闻

当下，大人物如果没有某些个可炒作的"丑闻"，就很没面子。现代的英雄几乎都是身负丑闻的英雄，清正廉明、人格高尚、身边不藏污纳垢的人，往往郁郁不得志。甚至政治家也是这样子，其余可以推知。我现在用手头的英语词典，查一下"丑闻"(scandal)，出现的义项是"（针对不良行为、不道德行为）社会的反感、责难、耻辱、丑闻、疑案、说坏话、贬低、背后说坏话"等等，第一条义项"社会的反感"似乎有误，因为社会是"欢迎"丑闻的。

我少年时也羡慕有丑闻的朋友，自己挖空心思弄出一个丑闻，但周围的人看透了我是个胆小鬼，所以到头来也没弄出什么动静。

但是，丑闻这玩意是个奇妙东西，有人干了许多坏事，也没惹上丑闻，也有人没干啥大坏事，就被卷入丑闻之中。

社会上有些人，外貌和内在完全不一致。有时，貌似老好人、感觉只会被人骗的男人，其实是玩女人高手；而看上去精力旺盛、气势汹汹的壮汉，却令人意外地脸皮薄，是个软蛋。发生罪案时，案犯的容貌往往跟想象中大相径庭。

但是，丑闻不是犯罪，丑闻中的人并不是罪犯，只是一个嫌疑人。嫌疑人至少得"看起来像"。丑闻的成功，根据全在于"看起来像"。像石原裕次郎那样，也就因此而成了民众偶像。

很早之前，有过电影明星志贺晓子的堕胎事件。结果，她很快就从明星的宝座跌下来。最近，某当红歌手的堕胎事件颇轰动，但这事对当事人而言虽然是打击，在社会上只是一个笑料而已。从前有很多人因通奸事件或下台或自杀，近来这种事情多得很，却谁也不惊讶。这些与犯罪或者暗示犯罪的丑闻比较，差别是止于丑闻，在废除堕胎罪、通奸罪的今天，无论一部分娱乐报纸如何以义正辞严的架势批评电影明星的不道德行为，舆论都不为所动。当下社会基本没有伤天害理、杀人越货的丑闻，所有丑闻都游戏化、无罪化了。所以，利用丑闻生事，就不必担心要吃大苦头了。而最快出名的路子，是被卷入丑闻之中。一有杀人案，假罪犯便给报社打电话声称是自己所为，可以说，这是一种出名狂、丑闻狂吧。

白瓷般没有一点瑕疵的名声，社会是不大愿意接受的，不欢迎至清的水一样的名声。说实在的，道德和名声，必然在某些地方是相反的。邪教兴起，其魅力在于道德上存在某些问题。另一方面，社会又极喜欢炒作、批评名人的不道德行为。有一位电影明星因扮演吹牛皮者或黑帮人物走红，社会本是因其痞气、匪气而对他好评的，可当他在个人行为上流露出些许痞气时，舆论便一反往常，开始批评他：

"我支持的是作为演员的痞气，不是生活中的黑帮。"

于是，这名演员只得收敛，垂头丧气地道歉。这回社会对他迄今的印象大坏，完全抛弃了他：

"嘿，原来他是个没有一点自尊心的家伙啊。"

一旦惹上了丑闻，秘诀就是要一口咬死。在这一点上，前首相吉田茂值得钦佩。

吉田茂此人，是反动势力的首脑，是日本亲美派的头领；他为人桀骜不驯，不把人当人；不明事理，拿水杯泼摄影师，他成为所有漫画的题材。他死硬至最后，毫无知识分子良心的表现。而这种个人丑陋的死硬，成为他的信用，在另一方面，他始终与政治丑闻绝缘。对政治家来说，只要不发生致命的政治丑闻，个人丑闻之类算不了什么，非但如此，吉田茂深知，没有比这些更好糊弄社会的了。社会瞩目高高在上的人物，大众希望取笑他们、贬低他们……为了回应这样的需求，他搞搞雪茄、白袜子和泼点水，耍个小手段就行。

曾有一位摄影师让裸体模特站在清晨的街头，拍摄大量"惊世之作"，引起社会热议。这是在犯法边缘炒作"丑闻"成功的例子。据说在舆论哗然之前，摄影师已经博得摄影展盛况空前。即便是早上，街头的公共性和裸体摄影相结合，实在是惊险万分，这位摄影师的脑瓜子太棒了。寝室里的裸体之类，是老旧、陈腐的感觉，没有比出现在意料之外场所的裸体，更具尖端性情色了。例如，如果各位去歌舞伎剧场，看见一位女观众全裸，只膝上搁一个手袋，专心地看戏，是一种极新鲜的震撼吧？

丑闻绝不会触及本质。在政治家而言，不触及本质就行；而在艺术家而言，这样难以接受。在这位摄影师来说，将硬邦邦的十九世纪风格的银行建筑与柔软的裸体相对比，呈现奇特的艺术本质——裸体将银行客体化、银行将裸体客体化，是通过丑闻方式成功获得效果，很难得到社会认同吧。但是，比起十个人观展，若有千人观展，得到知己的概率就变大了。

丑闻的成功，就是这样利用概率。它不是精选的成功，而是先用簸箕盛满砂子，扬弃到最后，若能发现一颗或两颗砂金，就最好不过了。所谓砂金，是真正的成功——认可真正的价值。但是，这种提前准备的方法，有时要兜大圈子……

卖友杀熟

我不大相信"青年人的感人友情"这种事。与之相比小孩子就诚实得多。小孩子的社会总是面对严酷的背叛危机，因为肯定有人想当"好孩子"。开头自己也参与捣乱计划的，中途却突然转向，跑去向妈妈或者老师处举报。在这一点上，女人的社会（且假定有这么回事）比起小伙子的社会诚实得多，与小孩子的社会相似。假如出现了一个异性，背叛或者耍谋略，便一下子成为日常便饭。而这个样子，较之小伙子的社会，更接近现实社会生活的雏形。很遗憾，较之"青年友情"的理想社会，现实社会更像是女人或者小孩子的社会。

但是，在成年人的社会里，较少孩子、女人的"诚实的背叛"，各方面都弄得好好的，还保持了类似友爱的东西。然而，拉罗什富科[①]用他那直截了当的方式说："世人所谓之'友爱'，不过是社交、利欲的讨价还价、好意的交换而已。最终，只不过是一种交易——自爱总要有所得——而已。"

不过，就像是夫妻，即便互相骗来骗去、仍然开开心心过下去一样，成年人的所谓友爱，也是在上述前提下，特殊的亲情也产生了，留恋也产生了，相看两不厌的心情也有了，像空气那样无拘束了。于是，这世间也就不再是地狱了。这里面的原委，年轻人往往参不透。女人更加成年人化——圆滑世故——得多。

"哟，一身好西装啊，在哪里做的？"

"是……N店呀。不过剪裁虽好，款式不咋样吧？您穿起西装更标致哩。"

"哪里呀。您的腿比日本人的都漂亮。我可比不了。"

即便是这样对话的女性，私下里也许是相互憎恶，虎视眈眈要灭掉对方。但是，当别人说起时，肯定会这样回答：

"啊啊，S女士吗？是我从前的朋友，我们交情很好的呀。"

不背叛朋友的努力，究竟是什么样的努力呢？

例如，一个朋友有偷窃行为，身为他的朋友，自己是唯一目击者，此时须替他掩饰，坚决予以否定。案件侦破于是陷入困境。偷了东西的朋友逍遥自在。这时，为之掩饰的朋友产生了良心上的负担：当时我那么做是正确的吗？说不定，看上去是背叛友情，但从长远看，告发他的罪行对他将来、对社会整体，才是好的吧？……这样左思右想，虽然没有背叛朋友，自己却心情糟糕，仿佛是自己偷了东西。

封建社会、纳粹都奖励告密，政府给告密者颁奖。按照"社会正义"行动的人，总之是好人，因告密而背叛朋友是小恶，不成问题。据说这种告密制度让人品行卑劣，同时也起着给软弱者的心服一剂泻药，使之畅快的作用。告密者很安心，他至少把良心交给政

---

① François de La Rochefoucauld（1613—1680），法国伦理作家，著有《箴言录》。

府了。因为他可以嘀咕:"其他不关我事。"

一个人——至少一个男人的精神成长,不妨说,是通过一次次背叛朋友来达成的。这并不是指告密或者其他卑劣行为,仅仅指精神上的背叛。昨天,你还听一位朋友说:

"人生真像一辆汽车啊。停着的话占地方,但安全;开起来的话,不知何时要轧死人了。"

你听了挺佩服:哈,厉害!这家伙有点洞察力!可到了今天,你的感觉变了:什么呀,他的想法不就是那种常见的鸡汤么!这个时候,你已经在精神上背叛了朋友,在精神上成长了。

难得重逢老朋友,彼此拍完肩膀,来一番怀旧,然后就完全没有话题了,挺尴尬的。仅有过去的联系,不能长久留住对方。这阵子各地常有退伍军人组织老战友聚会,但怎么可能仅靠大男人的想念和怀旧就把友情持续下去呢,只可说是拉罗什富科式的友爱吧。

社会上有些人有特别的趣味,常常夺走朋友的恋人。朋友一有新女友,他便对那女子神魂颠倒,最终据为己有。这明显是对朋友的背叛行为,因为中间碍着友情,所以很难收拾。他对平常的女子没有兴趣,但一旦女子成了至交的女友,立即就魅力无限了。

常见这样的情况:不背叛朋友,却成为了朋友的侍从。仔细查看那些友情牢固且长久的例子,往往是一主一从的。为主一方能说会道,处事公平,社会上和侍从一方都不明显感觉他为主这回事,但其实在精神上完全是主从关系。侍从一方完全臣服,发誓效忠,利用为主一方的才华和能力狐假虎威;为主一方大方得体,让侍从一方充分利用的同时颐指气使——这样的关系虽不能有真正的友爱,但对于人际关系的动物性本质而言，反而是自然的，所以，只要不背叛就能长久延续。

"那是咱哥们儿！"

社会上说的这种关系，有多少就是这样不背叛的主从关系！而社会上，天生爱充当侍从的人也多得是。

一般阅读伟人传记，看到许多人到了几乎要成为手下时，便果断地背叛对方，在背叛之上处心积虑确立抗衡关系，使自己壮大起来。

国家之间关系也是这样，说是"友邦"，实际上往往是一主一从。侍从老老实实、忠心地服务，不知不觉就成了殖民地。

背叛是友情的佐料，它是类似胡椒、芥末的东西。当友情变得无味——背叛的要素也好、其危险也好，都不隐藏时，诸君才可说已脱去青年的感伤主义，真正成为大人了。

锄弱扶强

无论多么强大的人，既然是人，就有弱点，被捅到了那个地方，他会脆弱地倒下。但我这里说的"弱者"，说的是弱点全暴露、以弱为卖点的人。这方面的代表，是叫太宰治的小说家；他把弱点当成最大的财产，引发青年女子的同情；最后在其恶劣影响下，甚至予人自卑感，认为"强是坏的"。为此，太宰的弟子田中英光，一个老好人、大个子、前奥运选手，他就错以为自己肉体强壮，即没有文学才华，追随太宰自杀而死。这是弱者欺凌强者，最终置其于死地的可怕实例。

不过，我把这样的例子视为违反生物界法则的颓废例子。

另一方面，又有这样的例子。有人一味地信奉"锄强扶弱"的格言，对强者肆意挑衅，动辄出手打架；而对于弱者呢，热衷于称兄道弟，大施小恩小惠，顾自溺爱，不管人家烦不烦，最终招人憎恨。这也是违反生物界法则的，是一种颓废的态度，是刻意的做法。作为这方面的例子，战后美国的做法就是一个实例。格雷厄姆·格林有一篇名为《安静的美国人》的小说，巧妙地嘲笑了美国人这种性格。

强者对弱者的态度，在生物界只有一种。那就是"弱肉强食"，若用斯文的说法，就是"欺负弱小"。小孩子是诚实的，小孩子满不在乎地瞧不起残疾人或病人，取笑他们。

我举一个小小的例子：在美国电影里面，有那种清教徒主义的禁令，不能出现侏儒，至少不能出演重要角色。但是，法国电影里则毫不在乎地出现，在科克托等人的电影里面，侏儒演员出演悲惨的角色。这是由于法国电影还鲜明地残留着把侏儒当玩具的中世纪精神。

但是，残疾人或者病人并不把弱小当卖点，是不得已身为弱小者生存的可怜人，所以，在此我把他们除外。我把"弱小当卖点"限定为：本身既不是残疾人也不是病人，却希望摆出"我很弱、好可怜，请不要欺负我"的面孔的人。

对于这样的弱者，各位，我们就应该积极地欺负。来，取笑他、蔑视他、尽情欺负他吧。取笑弱者，是最为健康的精神。

假定诸位的朋友中有一人想自杀。某一天，他脸色苍白、哆哆嗦嗦来找你。

"你怎么啦？又想自杀的事？"

"就是啊。我已经无法忍受这种严酷的生活了。"

"混账！你想死就早点去死好啦。"

"那么简单就能死的话，就不用这么烦恼了。"

"去死吧、去死吧！就在我面前服毒吧！我还没见过服毒自杀，我给你一杯水，好好地看着你自杀。"

"你不明白我的心情啊。"

"你为什么跑到不明白的人家里？"

在这过程中，你就会发现：这家伙到你这里来，是为了让你贬损他一番的。于是，你再给他一个大耳光，赶他走：

"我没时间陪你这种闲人，你走吧，别再来了！"

不过，没事的。嘴上说想死想死的人，几乎没有真死了的。他捡回一条命，你享受了欺负弱者的乐趣，各得其所。但是，现实中遇到这样的场合，我们实在很难这么干净利索。你会给予同情，刺激对方的自我陶醉，他自我陶醉的结果——真的自杀了，你后悔不已——往往就是这样两败俱伤。

有人动辄眼泪汪汪。他念抒情诗，也做几首歪诗，而且不断失恋。他还四处发牢骚，老是低着头，动不动冒出矫揉造作的话，说起笑话来也是幽幽的。嘴里说"我不行了"，希望马上就博得同情。觉得自己不行，却又有恋恋不舍的自尊心。一看悲情片就哭，唠叨从前的惨事；明明是嫉妒，却自以为善意的化身，呵护般的乐于助人……这种类型的弱男子，诸位身边必有一个吧。欺负这样的男人，才是人生大乐趣之一。

"嘿，你又失恋了。活该！"

"你别这样虐我吧。"

"那是什么？——纽扣孔上带着鼻屎似的东西。"

"是她去年送我的紫花地丁。"

"荒唐！那玩意还不扔掉？恶心。"

你把那紫花地丁揪下来，丢在地板上，吐它一口吐沫。

"啊！你这是干什么！"

"你很生气的话，就来揍我吧。"

"揍你什么嘛。你是因为友情才这么干的，我明白。你想把我从

回忆中解脱出来,才弄掉那花儿的。谢谢你。"(抽泣)

"你小子胡说什么!混账!"

明明是欺负他,他还误解为友情,真是烦死人。你当即握紧拳头揍了他。

"啊,好疼!"

"再给你一拳!"

"啊,好疼!……(一边抽泣)可是,还是要谢谢你。"

"傻瓜!你挨打了,还要说谢谢吗!"

"不,我明白的。你带着友情的拳头……你揍我,是为了让我重新站起来,你心里流着泪。我明白你的心情。我也觉得,自己必须重新站起来。"

你很闷,心情恶劣,不能转化为欺负弱者的快感。但是,动手揍了也没用,这回就用语言欺负他吧。

"像你这样的笨蛋,无论谈多少次恋爱,结果只能是被甩。照照镜子想想吧。一天到晚哭丧着脸,从没有一点儿起色。好歹钱多也行啊,月薪又少,午饭只是拉面而已。瞧你!摆一副知识分子模样,明明是不读的,还拿一本外文原版书到处走。拿一本杂志也就行啦。像你这样的人渣,早早衔着煤气管什么的升天成佛,就是造福社会、造福人类了。"

"不过么,(他稍微思索)虽然被你说得这么不堪,从无法死心这一点看,那是一次真正的恋爱啊。"

各位,这场决斗哪一方胜呢?

尽量自恋

没有"自恋",这世界也没啥乐趣了。如果觉得自己是日本第一美男子的话,那就每天飘飘然了吧。如果觉得自己是日本第一美女的话,那真是天天如沐春风吧。"自恋",人人皆有;以我作为小说家的经验,当我让一个绝世美男子在小说里登场时,日本各地就会冒出十来个男人,声称那人物的原型是自己;当我让一个绝世美女登场时,也会有十来个女子声称自己是那人物的原型。脸蛋方面绝望的人,就把"自恋"往别的方面转移,例如智力呀名声呀之类。病人有病人的"自恋"——在疗养所,重病患者横得很;罪犯也属"自恋"一类,在犯下弥天大罪者的忏悔里,背后纠缠着自恋。

从前的人很明白自恋的效果和利用自恋的方法。《叶隐》是一本正规地介绍武士道的书,很有名。里面说道:

"所谓武勇,尤须自命不凡:吾乃日本第一。"

又说:

"武士者,于武勇须自命不凡,要紧处乃是迷恋死之觉悟。"

所谓"谦逊",往往是没有成效的果实,另外,世间被誉为"谦逊"的人,大抵是伪善者。某大学教授喜欢在文章中说自己"吾乃一介老书生""一个可怜的语言学教师",谁会觉得这是真正的谦逊呢?

说"充实的稻穗垂下头",这是一句伪善的格言;因为越结实而头越重,所以垂了下来,这是理所当然的。改为"稻穗因结实垂下了头"更合适。满足于高位的人,可以安心地装谦逊。

所谓自恋,因为是一个快乐的幻想,是为了活下去的幻想,所以实质上什么也不需要。是完全主观的,也不靠别人的评价。当然如果有的话,自恋就有了底气,是最好不过了。

对于自大狂来说,他人全都是引发自恋的诱因。

如果从恋爱中扣除自恋,那是多么乏味啊。拉罗什富科说得很对:"恋人们之所以待在一起丝毫也不厌倦,是因为尽是说着两人的事情。"对恋人以外的人说自己,肯定招人烦。而无论什么恋人,都觉得二人就是罗密欧与朱丽叶,做梦都不会认为是"破锅配破盖"之类的。

自大狂的长处,是与爱慕虚荣者相比,一点也不显得可怜。例如,爱慕虚荣者撒谎,吹嘘一座虚构的别墅,或者小学毕业却一副庆应大学毕业生的神气,又或者假装拥有豪车。这样的谎言一下子就败露了,败露时是格外地惨。这是因为爱慕虚荣者平时意识到自己并不拥有的东西,敷衍一时以逞强,所以就阴阴郁郁,不能像自大狂那样阳光灿烂。

自大狂因为相信自己样样都拥有,所以阳光。所谓无可救药的自大狂,自有其痛快之处,并不可憎。他不骗人。与此相反,所谓谦逊的人,大抵会撒谎。若干年前去世的某著名演员平时口口声声说"我做得还很不够,演员是一生修行",至死如此。据说某著名女演员明明已名满天下，自己心里清楚得很，但在公开场合自我介绍时，却摆出乡下小学老师的态度，小小声说"我是学习演话剧的某某"。我讨厌这种阴性的自大狂。近来文坛第一痛快的阳光自大狂，怎么说也是石原慎太郎了。他的自恋里面，有令人愉快的要素，这一点与冈本太郎是共通的吧。冈本先生对谁都明言："我是比毕加索还棒的画家。"

然而，那些没感觉的人，却依然倾倒于谦逊者的假装老实。电影女演员喜欢亮出这样的态度，在圈里保持人气：

"我是个新手，敬请各位指导、提携。请多多关照。各位费心、有劳了。我何德何能敢自称影星啊，全是大家扶持的结果。我打心底里感谢大家，每天为大家合掌祈福，晚上不敢把脚向着大家睡觉。（啥人会希望你把脚对着他睡觉！）请多多关照、多多关照。"

人家就会说：别看她年纪轻轻，会来事啊。

议员也是面对大批没感觉的人做生意的，也假谦逊、装孙子，但同样是装孙子，他敌不过电影女明星的妩媚，这是没办法的。

然而，我要说的，并不是一种处世方法。作为精神健康的问题，如果有某种自恋的话，就极少患病——这才是我想说的。

女性患病，往往是有所发现：在街头遇上一个不认识的女人，发现她跟自己穿同样的衣服，而且比自己穿得合身、比自己长得漂亮等等。女性接连两三回遇上这样的情况，绝对得躺倒、病倒。这时候，如果你这人很自恋，真能说出"嘿，学我啊？啥感觉嘛"，那就百病不侵了。

男人的病，也得自偏执地认为：那家伙在公司里确实比我能干、看来会比我早提拔、肯定是他先当科长等等，于是忙坏了肝脏。

"那小子真没劲，对我是步步紧跟啊。"

真有这么点自大，也就满不在乎了。不是说，事事都得有自信。所谓自信，得相应有实质，是一种麻烦的资格。并不是谁都能有真正的自信的。但是，假如是自恋，这就看心情了，想今天有也就能有。

与其想"我的鼻子为啥这么低"，还不如想"我的鼻子多可爱呀。美国的整形美容，都是把太高的鼻子削低呢"。

不过，这种自恋背后，也得有他人追随；他人和社会之所以是我们的必需品，理由就在于此。

随波逐流

汉字写作"时花",读作"HAYARI",意思是"流行"。流行果然是时代之花,也就是石原裕次郎,是保罗·安卡[①],是布袋装[②]……及其他种种花儿。既然是花,总会凋谢。人们深知流行之薄命,就须在花儿尚未凋谢的今天,赶紧争着采摘了。

怎么都行,跟随流行好了;所谓流行,也可以说成"怎么都行"吧。但是,那也是糊弄不得的,男式西服素称无所谓流行与过时,但我四五年前定做的西裤,胖得看起来像和服裙裤,实在不能穿。

只从流行中摄取适合自己的东西——这种态度看似很明智,但流行本身是不管是否适合你的。流行这玩意儿,就像著名的古希腊强盗,将捕获的人捆在一定长度的床铺上,毫不留情地将身体长出的部分截去。数年前的夏天布袋装泛滥,即便夸张点说,都难说有几个人穿着合适吧?

管他合适不合适,是流行就得跟。它是你的最佳隐身蓑衣,不妨说,想要隐瞒思想,唯有流行服饰。如果你需要对社会隐瞒思想观点,就应该穿上曼波紧身裤(细长,一九五五年前后流行),去听

霹雳摇滚。谁也不能识破你是某党某派了吧。即便是集体谈判的委员,如果穿一件夏威夷衬衫什么的,用裕次郎的口吻说:

"哎,社长,您够派头。咱就这意思啦:答应涨两千元的话,大家就没说的,高高兴兴回去了。"

而大公司的社长也是紧身裤之流,操着东北腔硬撑:

"管你'够派头、够派头'瞎恭维,不能涨就是不能涨!"

于是,委员们轰然弹响吉他,大唱摇滚歌曲。实在太吵闹了,社长最终也沉默下来,同意了提高工资。大抵"五一"劳动节或游行示威的歌曲里,带着一种集体的感伤主义,完全感觉不到狂热。那种歌曲应该是有动员力的歌曲,都改编为摇滚调才对。无论多么吵闹的流行,都作为社会镇静剂起作用,我很讶异资本家或者工人都没有察觉这一点。在美国,还出现了立意新奇的歌舞剧,叫做《睡衣仙舞》,把工会运动编成了爵士乐。

这里说一句题外话:社会上有那么一种人,一提"流行"便莫名地讨厌、小心眼儿。

"摇滚?吵死人了!好低档啊。""裕次郎?一口牙参差不齐,有什么好?"

于是,他就去听肖邦,心满意足回家。这是他的兴趣,无可厚非。但这样的人中间,不少人奇怪地患有"对现代的妒忌",这是精神分析上的病。假如自己站在流行的潮头,也还接受;假如不是就抗拒不接受的劲头十足,在这种人头脑中,流行、现代、现代的种种事物是排斥自己而向前发展的。在他们而言,流行倒成为了固定

---

① Paul Albert Anka (1941—),加拿大流行歌曲作者和歌手。
② sack dress,二十世纪五十年代开始流行的一种宽松的袋式直身女装。

的观念。

这些人从内心里嫉妒流行，心里不平衡，嘴上说着："布袋装？呵呵，好勇敢啊。我可不穿。"

尽管如此，我在战后一个时期——在冒牌存在主义大流行时期，或者私酿酒文化流行时期，丝毫也没有追流行的心情。那种文化的流行，对我们做同样买卖的人来说，只看作后台的愚蠢无聊，实在无法苟同。流行越纯真无邪越好，"不假思索"的流行才是真正的流行。越是白痴的流行，到了后来，才越成为那个时代的美丽色彩留存下来。看过歌舞伎《助六》的美丽舞台的人，也许忽发奇想：那场景，也许就反映当时最为摩登的风俗以及流行语言的集大成吧。

一般而言，浅薄轻浮就是过眼云烟。流行这东西，就因其浅薄才普及，也因其浅薄才随即消亡。确实如此。但是，它之所以一度被废弃，却在之后的回忆中美好留存，就因其是浅薄事物。鹿鸣馆之时尚，不过是当时浅薄的、对外来文化的机械模仿。但在今天，比起明治时代厚重的征韩论之类，浅薄的鹿鸣馆时尚更作为美好的过去留存。严肃拘谨之物或者厚重之物，一眼看去没有流行那么时兴或过时，但说真的，它也许比流行短命。浅薄的流行，一度轻易逝去，之后却以另一种姿态复活。正是所谓轻浮之事物中，有着某些不可思议的、猫一样的生命力。流行的生命力的奥秘，可以说，正潜藏于其中吧。

基本上没有什么"厚重的流行"。上等的自制粗花呢面料或者上等的久留米碎纹布等东西里头，没有流行与过时之说。所以，主张勤俭储蓄者，所谓求稳重之人，就喜爱这样的厚重东西，以厚重的东西把随身用品固定下来。这样的做法不妨称之为"店家精神"。

"店家精神"渗透到一切有形的趣味生活中,例如对古董茶具之类。

这种人不会购买易变、短命的流行股,只买坚实的资产股。其结果如何呢?就是这种人不能获得流行的大利润,放走了穿上隐身蓑衣的机会。因为一次次与无所谓的流行相对抗,可贵的能量用在了这方面,结果反而是被种种时代现象拖着走,失去了本应用在自己身上的能量。于是,要说他身上剩下来的个性,就只有久留米碎纹布或者自制粗花呢而已了。我认识不少这样可怜的优雅绅士。

流行有时会夺命。

歌德的《少年维特的烦恼》畅销时,许多德国青年竞相模仿维特,穿上黄色的马甲自杀。文化上的流行具有危险性,我说的"追随流行"并不是说追随这样的流行,而是追随无所谓的、浅薄的流行。

公务员是头脑顽固的人种,他们身穿落后于时代的衣服,置身灰色建筑物之中,不懂得跟随流行的智慧。学校教师这类人,也只遵从教育部门的流行,一生与社会上安全无害的浅薄流行无缘。都是令人同情的可怜人。

相亲欺诈

听说过"相亲欺诈"吗？它跟"结婚欺诈"不同，完全不构成犯罪。据说近来在爱占小便宜的青年人中，流行搞这种欺诈。

完全无意相亲，却兴冲冲地去见面；原本就不打算成功的，所以也不看对方几眼，只是好菜照吃、好酒照喝，说几句场面话就打道回府。这么一来，对方就丢面子了。不用说，这一招之所以屡次得手，男方也是具备好对象条件的。如果他满口应承，欺骗对方，那就性质恶劣了；可他只满足于混吃混喝，所以也可说有天真无邪之处，既有现在青年人爱占小便宜的毛病，同时很显示其小气吝啬。要对付这样的年轻人，必须建立规矩，将相亲费用折半算，各付各的。

仅"相亲欺诈"这个词，就很能显示当今青年人的精神面貌：委身于社会陋习，从中只取对自己有利的地方，完全不负责任。实在是不厚道，岂有此理。但是，若仅从形式上看，相亲数十次也未见意中人时，这个年轻人的所作所为也只是世间平常事，没有什么出格之处。好酒好菜，都端上来了还不吃，反而是失礼吧。所以吃个干干净净，碟子像舔过一样，应是符合礼仪之举。不论从何说起，这都是无可非议的、天衣无缝的犯罪。

青年人一味反传统、反因循守旧、反老权威的时代过去了，他们渐渐变得乖巧，变得吝啬且狡猾。他们一副顺从的模样，挺会假装老实。他们表示服输，表示服从，能要的东西都要。当下青年像是都学过孙吴兵法。

在善于敲诈学长这一点上，战前的学生也远不及现在的学生。现在的学生并不因此而格外感恩，被请客方在食欲和金钱欲上的满足，与请客方的老大优越感正好旗鼓相当，爽快地感觉彼此两不亏欠。现在学生恭维学长手法巧妙，令人佩服，从前实在做不到。

表面上看黑道风格、目光冷峻、性情别扭，但内心纯情、为人和善、心地纯正……这样的青年形象确曾流行，究竟出自何处呢？我思考的结果，归结于《伊甸园之东》的詹姆斯·迪恩[①]。这种类型的人物，看来会激发女人的母性，像电影评论家 K. K. 女士那样，听到詹姆斯·迪恩的死讯潸然泪下，食不下咽；在詹姆斯·迪恩去世的头七那天，向好友派发烙上了"ＪＤ"的点心。她抓着我问：

"你说过，你在纽约那家迪恩常去的餐馆，在迪恩平时坐的位置上用过餐。当时你穿了什么裤子？"

我回答说：

"哎呀，我忘记了。"

她令人吃惊地提出要求：

"请你把当时穿的裤子给我！曾经坐过迪恩坐的地方的裤子！"

她最终还是抢先启程去美国，为迪恩扫墓。我断定这位女士是单身，却确凿地获悉她是一位太太，让我很是佩服："这种用情不

[①] James Dean（1931—1955），美国影星。

专,无论多么疯狂,她丈夫还是放心的。"

这位詹姆斯·迪恩的青年形象,在日本,便脱胎换骨为石原裕次郎了。实际上,这样的青年形象并不新鲜,大凡青年人,身上都不免藏有某些类似的艰辛经历。即便现今那些爱占小便宜的青年,既然身为青年,无论看上去多么顺风顺水、无拘无束、善于逢场作戏,也充分感受着生活的艰辛。以相亲为名骗一顿美餐之类,是他们自导自演的、逢场作戏的喜剧,是一条苦肉计,对方好姑娘即便明白遭遇"相亲欺诈",也用不着柳眉倒竖。

某天我走在银座时,被一个陌生年轻人一把揪住,问道:

"先生,M氏现在在东京吗?"

我不禁说:

"哦,他回去了吧?"

他随我走着,倾诉自己如何跟从编导M氏学戏、大约看过两次我写的戏、那位M氏的编导很棒、自己是在S社的戏剧研究所,等等。当来到某个路口,我要向右拐时,他说了声"那我就此告辞啦",便匆匆离去。

我心想,这家伙挺孤独的吧。对他的感觉良好和心大我并不讶异。这个程度的感觉良好或者心大,现代青年大都无意识之中已具备。这种事情跟戴帽子、打领带一样,对驱逐孤独感没什么用。

为了摆脱这种孤独,最需要的东西是钱,钱花得爽心情就爽,资本主义就是这么回事。但青年人首先就与金钱无缘。钱多的青年人很特别,我曾经敲诈过这种人。

挺久之前了,我跟一个年轻人的新剧团有联系,之中一个稍胖的青年人总是西装笔挺,像是经理的样子。聊完戏剧的事,他提议道：

"我们稍微交际一下吧？"

他让我们上了他的大私家车，带我们到银座的大夜总会，熟练地喊了五六个女人的名字，让她们过来。桌子上放着巨型的冷盘碟子，叫了喝不完的酒。看差不多了，他架势十足喊一声"来人"，向男侍应甩一沓钞票走人。我看得目瞪口呆。这位大商店老板的公子外表很老成，感觉是二十七八的样子，当我听说他实际上是二十一岁的青年时，又吃了一惊。

敲诈别人感觉很好，但到了我这种年龄，慢慢就行不通了。但是，问题是派头如何，因为账单是往有派头者送的，这也没办法。我在纽约偶遇石井好子[①]，我请她吃午饭。好子姑娘一副好身材，披皮毛长围巾，被我带往我住的酒店的西餐厅，二人相对用餐之后，侍应生恭恭敬敬送来账单——惨啊，明明是在我的酒店，竟然送到好子姑娘那边去了！在美国，账单送到女士那边，只能是男方太没派头了。我慌忙夺过账单，好子姑娘开心地打趣道：

"人家料定你是个吃软饭的啦。"

[①] 石井好子（1922—2010），日本歌手。

不守约

我大体上是个守约的人，但也不觉得这有什么好自豪的。严守约定也太拘束了，是器量小的证明，也证明了此人不过是社会机器的一颗螺丝钉而已。

关于对女性的承诺，古罗马诗人奥维德在他的《爱的艺术》中这样说道：

"你需要大胆地发誓，因为誓言会打动女人的心。可以让一切神祇来为你的承诺做证。丘比特在天上看着那些发假誓的恋人们发笑，又命埃俄罗斯之风带走没有实践的承诺。丘比特以下界之神立为证人，却经常对妻子发假誓。（中略）面对女方的欺瞒，严守信义其实是耻辱。"

自古以来的恋爱铁则，是不守承诺者必胜。被女人爽约，在咖啡馆里心急火燎喝了好几杯咖啡，烟灰缸塞满了烟蒂——这样的"诚信男"输定了。

听说在巴西有此一说：

"约男人等三十分钟，约女人等一个小时，这是礼貌。"

这可比日本更甚，吓了我一跳。看来那个国家的人非常悠闲，等人之类不在话下。男人约女人看电影，定了在电影院里碰头；他先买自己一个人的票进场，在大厅一边看外面一边等待，一两个小时无所谓。这样的话，当女人到来时，不用为她付电影票钱。巴西真是个好国家！

要说美国的纽约，看起来人人都争分夺秒，仿佛生活在赶赴约会之中。但我有一位朋友是电视台制片人，却是极悠闲之人；他的约会谁都不当真，而他爽约谁也不生气。能到这个份上，真是棒极了。他跟我们聊得热闹时，突然看看手表，"唉——"地叹口气；他仰头看看天花板，摇摇头死了心，又若无其事地接着聊。我们很清楚，他那时想起同一时间约了其他人。但是，他发现的时刻，往往已过一个小时了。

世上有做得到的承诺和做不到的承诺。所谓小说的"截稿时间"，类似于"做不到的承诺"，但还是单方面以口头承诺的方式，列入杂志的编辑计划。

据说人类的身体每隔数年，细胞就会完全更新，那么这话也并非说不通：

"从那以后细胞完全更新了，现在的我已经不是那时承诺的我啦。"

因为置身如此不安稳的时代，也许明天就发生原子弹工厂爆炸、大都市完全毁灭，所以说了"明天五点钟在服部和光[①]前面碰头"，而一分钟之后的命运，只有上帝知晓。今晚被汽车轧了的话，也就到此结束。

上田秋成有篇小说《菊花之约》，故事说的是某男子和同性恋人

[①] 和光百货位于日本东京银座繁华商业区，为地标性建筑，其前身是服部钟表店。

约了见面，不见不散，却实在等不到那一天了，于是遵从灵魂比肉体飞得快的法则，自杀而死，变成幽灵出现在恋人处。即便是平时声称"我是信守承诺的男子汉"的人，也实在做不到这个地步，更别说大国之间要停止核弹试验的承诺，简直不靠谱。

仔细想来，信守承诺的保证是哪儿都没有的。为此才有字据契约或者官司，但那些也就是不守承诺的马后炮而已吧。"信守承诺"的想法，只是人类社会描绘的美好愿望。因为社会历史遵从着这个愿望，一步步走来，所以若要搞破坏，仅仅一个人不守承诺是不行的，需要数百万的人一起不守承诺，那么，社会机器马上就会坏掉。大银行若不守承诺，就会发生恐慌挤兑，经济出现混乱；另外，像室町时代的"德政令"那样，政府发布命令"勾销借款"，政府不费一文赢得人民的威望信任……也就是说，"信守承诺"是社会一直很重视的健康状态，而"不守承诺"则是社会在非常时期使用的、毒性很强的猛药。像这阵子的政府那样，经常打破承诺，到了关键时刻就不灵了。

假定某一天，您做出了三个承诺：

上午十点钟，见 M 君，归还此前借的一千元。

下午两点钟，代替科长出席策划会议。

下午六点钟，与 S 子在银座的 X 堂碰头。

上午十点钟的约定不遵守也无所谓。当然，与 M 君见面也许是没办法的，但"请还钱"这种话很难说出口，您假装忘了就行。但 M 君若是有勇气之人，若把"说好还我一千元的吧"说出口，尽量轻松地说"哎呀呀，我忘记了，明天吧"就行了。于是，M 君拿回钱的打算落空，心里很不爽，对人说您的坏话，发泄一番。

"别借钱给那家伙,他是死不还钱的。"

这样的评价越发使您有男子汉气派,像一位豪杰;相反,越发使 M 君像个小人物。您赚大了。

下午两点钟的约定也是不遵守也无所谓。这才是您出名的好机会。因为您不出席,科长的缺席就被社长记住了,也许他就因此被开掉,您就接他的位置了。

下午六点钟的约定,聪明的做法是不遵守。她因为被爽约,开头很生气,但后来就担心您是否遭遇交通事故,致电警方查问,最后于数日之后知道您平安无事,终于放下心来,这下子完全牵挂起您来了。但是,如果您腻烦她,就要准时六点赴约,尽早致告别辞,干脆地分手为上。

于是,您今天因为不守三个约定,提高了声望,获得了出头露面的好机会,赢得了她的爱。不守承诺获得的时间该怎么用呢?玩玩弹子机也好哇,说不定机子稀里哗啦吐出一大堆弹子来。

大喊"干掉他"

今天我去看拳击比赛了。比赛有趣,但更有趣的是观众席上的喝彩助威。

"干掉他!干掉他!"

"灭了他!灭了他!"

有诸如此类的叫喊,也有说:

"好狡猾!一味偷懒嘛。畜生,休息狂啊?"

挨骂的选手是个仿佛杀不死的新人,所以,我对于"休息狂"的骂法不禁莞尔。

"这可不是暹罗斗鸡啊!"

"加油!黑斗鸡!"

被喊作"黑斗鸡"的,是穿黑短裤的选手,对方是红短裤,马上就被喊作"红斗鸡"了。

与歌舞伎的喝彩不同,拳击比赛是越喝彩助威越来劲,不会毁了一台戏。所以,有观众从头到尾旁若无人地狂喊。自己所思所想全部冲口而出,变成一种喝彩助威声。

我听说过这样的事情,一名观众叫喊道:

"Jab①、Jab！没错，就这样、就这样！Jab，再来一个！"

一个初次看拳击比赛的人坐在他旁边，问道：

"'Jab'是什么？"

对方怒道：

"谁知道？"

这一阵子，父杀子、子杀父的，社会舆论哗然，而来看拳击比赛，嘴里高喊"干掉他""灭了他""只差一下了，没错，就这么干"的人，感觉就不会去杀人。拳击比赛，是最极端地满足人类斗争本能的运动项目，这种运动是文明生活的重要通气孔。

且不说政治上的和平主义，爱打架、见血就亢奋，是人类自太古以来的动物本能，如果过分压制，容易产生心理障碍。在这个意义上，狩猎呀拳击比赛呀之类，是较为无害地满足人类原始本能的运动；而说起原始本能，它非但没有随着文明进步减弱，而且文明越是进展，它越呈现加强的趋势，反抗压抑。纽约未满二十岁的青少年犯罪的凶残程度，是日本不可比拟的。然而社会上有无尽的误解，认为杀人本身与叫喊"干掉他"二者之间只是程度的差别，其实里头有极大的、质的差异。

在英国，侦探小说和犯罪小说最为流行，我觉得这个现象颇有趣。想象一位英国绅士神情严肃地埋头阅读杀人的描写，平常得很。英国人是叫喊"干掉他"的国民，这与他们是不杀虫子的理性人士丝毫不矛盾。现实中杀人如麻的，是那些崇高的理想主义者——德国人。

认为黑帮电影对孩子有害、武打片低级趣味，一天到晚担心毒

---

① 英文，刺拳，拳击的一种基本拳法。

害的"家长会"精神，我是打心底里讨厌的；我喜欢拳击比赛，是因为它不装腔作势，有一股"干掉他"的精神。比如"反对警职法"这件事，不是一年到头嚷嚷不停，而是大喝一声："什么？警职法？干掉他！"那才有劲。因为不是真的杀人，所以腔调才好吧。例如，类似于："什么？道德教育？干掉他！"

即便在剧场，从前的剧场洋溢着"干掉他"的精神。从前说有武士因反派演员演得太好，激动起来冲上舞台，要斩杀那名演员；这故事且当别论，到了大正时期，站票席上也是无所顾忌地大喊："太差劲，滚下去！"

那时候的站票席就相当于现在拳击比赛的一般观众席。而这阵子，剧场观众席已全然不见朝气蓬勃、满含杀气的批判精神了。如果戏不精彩，就吹口哨、跺地板、怒吼的，才是真戏迷；西洋戏剧是在这样的观众磨练下成长的，而日本的戏剧观众多么老实呵。他们只是通过买不买票，小小地表明态度而已。

看来，在日本的艺术界也好、其他领域也好，现在最为缺乏的，就是这种精神。

根据实例，我的论述产生了飞跃：现今，现实的杀人行为如此之多，人命之轻贱似乎较之战时更甚，不正是根源于叫喊"干掉他"的精神衰微么？证据就是，当今的杀人中，几乎没有情感激昂的杀人，多数是为了得到区区二三百元而杀人、为不耐其烦而杀人，当中肯定不会出现"干掉他"这种有活力的叫喊吧。这些人只因不安而杀人。正所谓"干巴巴、冷冰冰"的时代，我感觉这时代的杀人，从某种意义上说是阴郁的。也就是说，越是文明进步、社会变得死板，人类血腥的原始本能就越是提高至歇斯底里，正如前面所说的，并没有变成"干掉他"的吼叫,却变成沉闷、不安的形式,实实在在地把人逼出真的杀人行为,这应该是现代的病症吧。

这种病的治疗方法,正需要社会整体更多阳刚的呼声:"干掉他!""灭了他!"

"某某那家伙,这回写的小说实在无聊,低俗得受不了。干掉他!"

这样来一句,评论就很痛快。

"那个人竟然甩了我、跟别的女人结婚!好啊,看我灭了你!"

"好吧,下次来收税等着瞧,干掉他!"

"嘿,一副高高在上的面孔,说我什么'呆头呆脑'。去死吧你!"

这些话在心里头说可不行,公然说出口的话,是一种阳刚、爽快的劲头,丝毫不杀气腾腾。你不妨一个人试喊一下吧。

法国不愧为著名的文明国家,至昨天为止还默认决斗为社会习俗。即使在现在,也有很多人通过新闻片,见过著名舞蹈家谢尔盖·里法尔[①]很儿戏的决斗吧。

---

① Serge Lifar(1905—1986),俄裔法国舞蹈家。

阴柔文弱当道

当下的时代，以职业棒球选手为大英雄，我推许阴柔文弱，大家也许觉得奇怪。然而，我眼看体育如此盛行、营养受到重视，不到二十的青少年男女体魄增强，不禁来一番空想：要是把现在的高中生拉去做从前的征兵体检，会怎样呢？毫无疑问大多数人是甲种合格。以前有肉麻的歌，叫什么《年轻人呀，锻炼你的体魄！》，如果日本改变政体，无疑早早就会建立征兵制度。

从和平主义、绝对反战的角度看，应该是反感"增强体魄"之类说法的；如果现在的青少年个个变得弱不禁风、走起路来扭扭捏捏，像女装男招待一样，戳一下就站不稳，那才是万世太平吧。现实中，歌舞伎演员的"英俊小生"（二枚目）中，有叫做"一碰就倒小生"的角色，演出标准的"美男子无钱也无力"的戏。这个"一碰就倒"即弱不禁风的意思。

有一点千万不能弄错：所谓政治家，看似要活跃青年人的思想，其实只想利用青年人的体魄。政治家深知，青年人的思想完全没有利用价值，唯其体魄可堪利用；在这一点上，政治家们可不笨。他们比学校老师聪明得多。所以，如果政治家盯上了青年人，必须提高警惕。针对政治家的计谋，青年人应该阴柔文弱，培养一种弱不禁风、完全不堪大用的体魄，正所谓"年轻人呀，练一身柔弱"吧！

首先不可做的是体育运动。一搞这玩意，体魄自然增强，性欲得以升华，变成不考虑低级趣味的理想主义者——不自觉间弄成这样的状态，最容易被政治家利用了！电影也不宜看。看电影完全不耗脑子，悠然观影有助于消化——对身体有益无害，不行。这么一来，麻药之类就最好了，可我并不想弄出些毒瘾病人，我只是号召青年人文弱、柔弱，用到麻药这一招，也太过了。

读书。这挺好的。要是配上咖啡，就更诱发失眠，使人渐渐趋于空想、游离于现实、削弱体魄。读书的姿势是俯身向前的，这种体态不适宜做军人。而且人越学习越缺乏决断力，以至于失去行动力，所以就更好了。

之所以要"禁止深夜泡吧"，禁止这一让青年人阴柔文弱化最有效的事情，不妨视为政府要踏出再军备的一步的迹象吧。因为经常深夜泡吧、脸色变得苍白的年轻人，首先就不适合当兵。

女装男招待之类的多多益善。看从前和平时代春信[①]的浮世绘画作，喃喃私语中的青年男女，无论服饰、脸庞都很相像，几乎分不清哪个是男哪个是女，所以，女装男招待正是那种黄金时代卷土重来的迹象。

与女人上床是最男子汉的行为——这种误解究竟产生于何时呢？越是跟女人上床，跟女人的感情、心理沟通越多，男性就越女性化。不管是光源氏还是《好色一代男》的世之介，日本式的唐璜

[①] 铃木春信（1725—1770），日本江户时代浮世绘画家。

不知不觉女性化，从这一点来看，应该说是走在现实主义的大道上。拳击比赛也好、游泳也好，男性体力的巅峰，是限定于未近女色的年龄。

另外，奇特的是，女性有一种喜欢女性化男性的倾向。越是文化发达的国家越是如此：在日本或者法国，最受女性欢迎的典型帅哥，是女性化的。

歌舞音乐，尤其是香颂（法国大众歌曲）、三味线等，有使人柔弱的绝大力量。而且以尽量虚幻无常的、极抒情的、仿佛纱巾拂过脸庞似的歌词为宜。早晚沉浸于这样的音乐中，年轻人渐渐变得没有骨气了。

等全日本尽是软绵绵、轻飘飘、软体动物般的青年人时，不用说重整装备，法西斯主义化或者革命都完全不必担心了。

其次不可行的是贫困。贫困使人紧张，使人不断燃起向上的愿望，煽动起斗争精神，努力奋斗。为了使青年柔弱化，有必要尽量让他们手头富裕。不过，最有效的方法，是让女人有钱，在女人的供养之下，青年人的奋斗愿望、提高意愿都会失去，这做法乃是捷径。

再次，应该让青少年热衷化妆、费尽心思打扮。屁股小的青年要用臀垫，脸蛋不行就得上整形手术。如果个个年轻人都是脸平平的，实在形不成一支强大的军队。即便勉强拉起一支队伍，一声稍息号令，但见路旁尽是打开粉盒动手化妆的军人，可谓士气尽毁吧。

二战后，"文化国家"一词盛行。若是真正的文化国家，像某一时期的法国、某一时期的中国那样，当可达成"一亿柔弱化"；所谓"烂熟的文化"，终究而言，是女性化的表现。然而，日本未能达至这一步。一方面有女装男招待，另一方面有很男性化的长岛君①和裕次郎君。大众不理会文化，热衷于职业棒球。政治家则热衷于重整军备、修改警职法。这么一来，文化国家也成不了气候。"一亿总奋起"也好、"重铸警察国家"也好，也不是那么困难的事情吧。战时，投机的学生曾在学校演讲会上发言：

"眼下，我国面临未曾有的国难，在我们具有光荣传统的学校里，竟然还有一部分文弱的学生，在写作无聊的小说。"

他说着，向我这边瞪了一眼。

那阵子，我真的身材干瘦、脸色苍白，写着软派小说，人家说我"文弱"也没法子；但这就挨骂毕竟很生气，我心里头嘀咕："等着瞧吧，文弱的时代就要到来。"

果然，战争结束了，文弱歌唱着这个时代的春天；但是，正如前面说的，我看透了一点：日本不可能实质上成为柔弱到极致的文化国家。趁这样的时代，我来个投机：开展一番健身运动，身体棒棒的，自信随时收到征兵令都合格。只不过大可放心，这年头征兵令来不了啦。

---

① 长岛茂雄（1936— ），日本知名职业棒球选手。

喝汤不怕出声

西方礼仪饭局一般都摆谱，会郑重其事地告诫："喝汤切勿发出声音"，等等。我们日本人自小喝味噌汤都是发出声音的，也习惯了喝淡茶到最后一口"呼"地喝掉的做法，这岂不是强人所难，推销西洋人的做法么？

最容易受这种表面做法影响的是女性，因为女性只爱从事物外表来做出判断。

"我曾有喜欢的男友，头一次两个人去吃晚饭，上汤后，他突然哧溜哧溜喝起来，就像吃拉面似的。我吸到西式浓汤的瞬间，感觉到生理上的厌恶，自此以后，我就很讨厌他。"

这样的女性心理，我觉得并非微妙或其他，纯属虚荣心而已……

看看举办西方礼仪饭局的人就会明白，他们于我并不特别值得尊敬。懂得怎么吃西餐，并非思想、品行就格外高人一等，但受了这种影响的女性，会在头脑里将出声喝汤的男人视为野蛮人。那么，用刀叉这样的凶器进餐的人，岂不更是野蛮人吗？

提起喝汤发出声音这件事，我恰好有两位最为尊敬的前辈，他们喝起汤来气势磅礴。两位都在国外待过，我设想他们要是在外国的某个像模像样的餐厅聚会，喝起汤来的话，一定很壮观吧。两位都属于日本最棒的头脑，喝汤发出声音什么的，丝毫也不妨碍他们是最有头脑的日本人。不仅如此，我看着他们，曾想，能那样旁若无人发出声音喝汤，他们的脑子才会那么棒吧？

不仅仅事关喝汤。就在我面前，一位研究中世表演艺术的学者把肉搁在刀子上，小心地把刀口那边抵着下唇，把肉搁进嘴里去。这样做随时会把嘴划破，简直让对面的人提心吊胆，可谓惊险至极。

礼仪乃是俗中之俗，与人是否伟大没有任何关系。

在高级西餐厅的一片寂静之中，突然发出奇怪的声音，哧溜哧溜喝起汤来，这是"社会性的勇气"。所谓"优雅"，是大多数人来决定的，而"虽千万人吾往矣"之人，一般被视为庸俗。不是"群羊"的第一项证明，就是喝汤的这种怪声音。

看棒球赛，是"群羊"干的事，所以，"独狼"没有必要去。高尔夫球也是"群羊"的运动。

N子是本讲座的优秀旁听生，她认为恋人S在西餐厅喝汤发出声音值得夸奖。

"这个人有料。肯定不久就有出息。"

她心中暗想，很高兴。

S难得地邀N子听肖邦的钢琴演奏会，两人就去了，结果演奏正当中，观众席一片安静，他脚下踩响了摔炮，把观众都吓得跳起来，两人逃了出去。

他蔑视人间世界的礼仪和同情心，牵了一位素不相识的驼背老婆婆的手，帮她过马路。

"哟,这可是谢谢了。小伙子有眼力啊,实在是能照顾人。"

老婆婆说道。但是,当来到车水马龙的路中央时,他松开手,快步走掉,老婆婆在马路中央吓坏了,念起经来。好在念经的声音压住了车喇叭的声音,她没被车轧了。

他感冒时,就去正放映悲恋故事的电影院,坐在中间的位置,连续打二十来个大喷嚏。观众笑起来,悲伤气氛一扫而空,而他的感冒也好了。

他又跑遍所有警察值班岗亭,摘下帽子,郑重其事地鞠躬敬礼,然后一言不发,掉头就走,搞得警察莫名其妙,误以为是什么新战术。

他来到公园,把一个塞满纸屑的纸箱点着火,让它漂浮在满是水鸟栖息的湖面,然后躲起来。结果惊起一片水鸟,自己头上还中了鸟粪。

N子跟在他身边,看着他的所作所为,越发觉得他是不同凡响的人物。他确实不是一只羊。

然而,终于有一天,她听说他被送到精神病院,被关在里面了。这时,她好失望,感觉到羊群的威力:竟然把一头狼关进牢笼了。毕竟,羊手中有牢笼。所以,不得不注意:去骚扰羊也得适可而止,也就是喝汤哧溜哧溜的程度吧。

各位,这就是我们的艺术的实态了。若非为餐厅的羊放柔和音乐,充其量就是表现狼性的喝汤声音。尽管如此,我还是挑这种喝汤声音,而不是给羊放音乐。虽然那也许不是美妙的音乐,但至少它不断提醒"我不是羊",这也算一种勇气、一种抵抗、一种骚扰,也就是说,是入微不足道却不可欠缺的的特点。

委过于人

某日本人在伦敦郊外驾车载另一个日本朋友兜风。他猛然看见一个黑色人影从车前横过，等"吱——"的刹车声响起时，车子已经撞翻了那个人。仔细一看，是一个英国老汉。朋友脸色为之一变：啊，不得了！但驾车者确认老汉已死之后，却淡定地等起警察来了。

警察来了，开始问话。驾车者用熟练的英语冷静地解释：

"因为这些这些理由，是被撞的老人不对。我一方没有过失。这里有同车的人，他可以作证。"

朋友手忙脚乱起来，姑且作了证人，之后，事情很简单就应付了。但是，朋友反倒睡不安稳，私下里责备驾车者：

"你不是个日本人么？既然是日本人，总得有一句半句客套吧？诸如'真可怜啊''对不起了''是我不好'之类的。如果按照日本人的标准，还得双手伏地、哭着道歉吧？"

"傻瓜，这里是西洋。"

他只答了这么一句话。

在西洋，人们极少说"对不起""是我不对"之类的。

现实中，我曾于一九五七年花了大钱长时间逗留在纽约，是制片人说要上演我的戏剧，托词资金难，骗我说"马上就有档期"，我轻易就上当受骗了。戏剧最终告吹，因为我是日本人，所以如果他很男人、很爽快地道歉说"诸多理由，戏剧演不成了，都是我不好，千万请予原谅"，我打算忘掉经济上的损失。

然而，他顽固地不说出我期待的那句"I am sorry"，而是撒了种种谎，归咎于客观形势的恶化，毫不自责。我也生气，但最后我明白了，即便生气也白搭。

"这里可是西洋啊。"

说什么"男子汉"呀"有魄力"呀，纯粹是日本人的概念。举一个例子：认为战争中被俘是最大耻辱的国民，跟认为被俘很光荣的国民相比，"男子汉""有魄力"的内容不一样。人家当了俘虏也可以是"男子汉""有魄力"，撒弥天大谎也可以是"男子汉""有魄力"。

在巴西（据说在法国也是），遇上了孩子打架，父母一般都要出面。这时候，双方的父母都恶语相向：

"我那孩子绝不会干坏事。肯定是你们的孩子惹事了。"

永远是一条平行线，任何时候都不承认自己一方的不对。如果是在日本，就会展现一幅感人的情景：

"不、不，是我们家孩子没管好，实在很抱歉。小子！（特地在人家面前训斥自己的孩子）太不像话了，做那样的坏事！你过来，跟人家道歉！"

"不、不，完全没那回事。是我们不好。我们那小子爱惹事，您孩子生气是很自然的呀。实在对不起。过来，小子！给人家道歉！"

这是日本的情况，在西洋则不然。

想来，在盛行权利义务观念的西方社会，凡事都较日本无趣，人与人之间的关系比日本严苛。一旦承认了是自己不对，等于自毁外部防线，再次承认的话，就内部防线也毁了，最终房子、财产都被霸占。西方人中间，即便是亲朋好友，也一再重演这样的历史，所以他们天生就有意识维护自己的堡垒，戒心很重。这就是"对不起"这句话说不出口的历史原因；说了就完了，自己必须承担所有责任。所以往好的方面说，西方人之所以绝少说"对不起"，也可说是责任观念很强。

说句题外话，西方人之所以珍重宝石，关于宝石的知识很丰富，说明了一种不安的历史：为随时只身逃亡之需，总是预备着把财产变为宝石。

在这一点上，日本是极乐世界。悠闲。人与人之间的关系，有所谓"义理人情"的怪东西；靠着它，缓和了所有的紧张。

"对不起。"

"是我不好。"

"我错了。"

"非常抱歉。"

像这样大包大揽、独力承担的话，反而有好处。比起死撑，这样做更好的情况，在日本很多。因为说了"是我不好"，所有责任都被解除了，与西洋恰好相反。

即便总理大臣骂了新闻记者，如果事后道了歉，一般即可了事。被道歉一方会感觉良好：

"我甚至让总理大臣道歉了。"

挨骂一方也因此无心打官司，要求对方赔偿实质性损害了。

另外，大人物遇到部下犯错误时，让他道歉说"对不起，以后不会再犯了"，就不再追究下去，这样显示了自己的大度，获得好评。

"你以为就一句'对不起'，就算完了吗？"

这样说的人，也只是说说而已。国营铁路出人命事故时，国铁总裁把一丁点儿奠仪包成一个大包，前往遗属处致歉。他跪拜在佛坛前，痛哭流涕。这样一来，事情大体可了结，遗属也不再往下说"是你的问题，你要负责任"了。

在日本，万事都是先致歉为宜。开头所写在伦敦的日本人发生的事，如果换成在日本，乖巧的当事人也会立即前往遗属处，痛哭流涕致歉"是我不好"，于是事情就简单了结。

诸位认可哪一种情况？从日本人的角度看，西方人的想法是不道德的；而从对方来看我们，也是一种不道德吧。社会习惯真是奇特。但是，要说哪一方的做法狡猾，则抢先道歉是狡猾的，"委过于人"更像是真正坦率的想法。因为但凡人的内心，都相信自己是最正确的。

利用漂亮妹妹

如果你是学生，又有一个漂亮的妹妹，这是不能不加以利用的。这是一件真事：A君长得老成，不像同龄同学，他从不跟在靓女屁股后头；无论去哪儿玩，他都带上妹妹，是一个顽固不化的人。

看电影也好、参加舞会也好，他都带上漂亮妹妹，一开头还收获好评："那小子捡到宝了，显摆呢。"当知道那是A君的亲妹妹时，又再得到好评。

有朋友对他说："哎，介绍我跟你妹妹认识吧。"他热心介绍妹妹给每个人，但再往下就十分小心提防，让坏小子们无从下手。

"射人先射马"，近来的学生看来颇谙此道。A君由此颇受朋友们追捧。之中不乏有钱人的公子，把A君作为好友请到家中做客，介绍给父母，显示自己跟"如此优秀的人交友"，作为提升自己分量的材料使用。

就这样，到了就职季节，A君找到了很好的工作，令人大感意外。他的成绩、人脉，都不出众。然而仔细了解之后，就明白A君是以妹妹为诱饵，结识大老板的公子，成为好朋友。他一边给大老板的公子机会接触妹妹，一边请这个笨公子帮忙谋个好职位。

他这妹妹也非寻常人，等哥哥的工作确定下来了，在那位笨公子提出结婚之前，严阵以待，不让他得手。她是现代风格的美女，鼻子小而圆，目光锐利，有一种普通手段搞不定的风情。

天生是一对尤物兄妹！

当下说是个人主义的时代，但亲兄弟姐妹在这个时代的纽带，却意外地紧密，这也许是战后父母失去了经济上的实权，一家人都要工作，共同维持家庭经济所致吧。美空云雀①姑娘也好、雪村泉②姑娘也好，都提携弟妹出道；只要看看电影界，兄帮弟、姐帮妹，亲情相助，相继走红。

"我讨厌借父母的光出人头地。"

"靠哥哥帮忙成功，是男人的耻辱。我要凭自己的力量去闯。"

"我不用姐姐提携。"

——这样的精神不太流行了。

挨得近、靠得着的东西，绝不放过加以利用，这是现代精神；哥哥利用漂亮妹妹，也没必要特别良心自责。实际上，现在的青年很清楚自己一个人有多少分量，真理就是即便打算靠自己独力打拼，间接地也要借助许多人的帮忙，不如有意识地加以利用。仅此一点，也应说是一大进步；从前的青年真心相信"独立自主"的口号，有不大实在的地方。

许久前看了一场电视婚礼，据说新郎确实优秀。他苦学力行，勤俭储蓄；他的态度受到老板赏识，娶了老板的女儿。因为不想靠别人资助婚礼费用，他坚决主张举行电视婚礼；最终他靠自己就实

---

① 美空云雀（1937—1989），日本被誉为"国民歌手"的女歌手。
② 雪村泉（1937—   ），日本著名女歌手。

现了隆重的婚礼。

也许我的观察角度有偏颇吧,看了这一切,我心想:

"这位年轻人以为没靠任何人帮忙,可现实中不是电视台帮忙了吗?不花钱办婚礼的另一面,是暴露在素不相识者的好奇心面前。也就是说,等同于卖身给电视台了。"

说白了,这世上没有免费的东西,所以,免费上电视,只能是卖身给电视台了。

卖身度日的,并非只有"潘潘女郎"①。波德莱尔说:"艺术是献身。是以神为对象的献身。"即便不是那么高尚的献身,我们小说家也是把自身分成一截一截出售过日子的。

即便想着完全靠自己,却在不自觉中利用了某个人而成功了;或者以为洁身自好,却在不自觉中卖了身,这就是现代社会。从前有士如伯夷叔齐,声称自己"不食周粟";但以现代的社会结构,是你无论躲到何处,都免不了"食周粟"。在这样的社会里,自己一人摆出圣人面孔,完全是滑稽的矫揉造作。就像那位利用漂亮妹妹来求职的哥哥,他深知这样的社会结构,从反面加以利用,其结果一切圆满,妹妹也全身而退。

自从废止红灯区之后,卖身不再公开进行了,但仔细想想,只要有美貌这东西,"精神上的献身"就不会消失。据说电影明星是当下的偶像,我这样说也许惹众怒:没有比电影明星更公然地进行"精神上的献身"生意了。对不特定多数人兜售性感,乃是极佳的"精神上的献身",以此方式赚钱的人,或属于一种美色敲诈。从前歌舞伎也是这样,但歌舞伎的性感魅力已经不能适应现代,在当下

---

① Pan-pan girl,日本战后初期为驻日美军服务的卖笑女子。

已经没有销路，无奈只能归入"艺术"，使之永恒了。

"精神上的献身"的说法吓人且低俗，有惹众怒的嫌疑，那就不妨换成"献媚"吧。这在女性、男性都有：一旦获悉自己的魅力，从那一天起，就对全社会开始了微妙的"精神上的献身"。于是，社会便支付金钱，或者更为重要的东西。据说在美国，政治家受欢迎的程度，由在电视上如何展现美妙笑容而定；甚至对总统选举也有影响。这也是一种"精神上的献身"。

将容貌和身体魅力作为卖点，还是单纯的，到了"精神方面的魅力""精神上的献身"时，就比较复杂了，不宜轻率。所谓宗教家的素质，正体现在这一点上；虽说是耶稣基督，在这一点上，似乎也对那位妓女——抹大拉的马利亚——有亲近感。

在现代，大家只要是在社会里活动，即是以某种方式卖身。漂亮妹妹就在你心中。能够激活漂亮妹妹，八面玲珑地加以利用，你的成功就毫无疑问了。

对女人动粗

虽然同样是不道德,但以前这样做是理所当然的;倘若明治年间出生的人读了,只会不知所措:啥地方不道德?

我以前听藤原义江先生说过这样的事情:

青年时代的藤原,是人所共知的美男子,他在意大利和意大利女子谈恋爱,一对令人艳羡的情侣。到藤原终于要返回日本了,二人在罗马车站洒泪道别。

二人回首快乐的往日,若在歌剧里当是二重唱了——俊男美女分手的场面,可想而知多么情意缠绵吧。

列车即将开动,藤原想起还要说一句话,他问女子道:

"我们之间哪怕还有一件不圆满的事情,请你说说看吧。"

女子眼含泪水盯着他,说:

"我们很幸福。我从不知道会这么幸福。可是……"

她欲言又止。

"……可是,你真的爱我吗?"

"当然爱。我不是这样爱着你吗?"

藤原反问道,他对她的问题颇吃惊。

"是吗？我还有一点不满足，如果你真爱我……"

这时，列车怯怯地开动起来了，藤原冲到登车口，竭力喊道：

"你说什么？"

女子追着他的身影，大声喊道：

"如果你真爱我，为什么一次也没揍过我？"

列车开远了，藤原无法再跟她说话。但是，据说独自留在列车上的他，感受到很大震撼，呆了好一会儿。

"没错，这是女人的真心话。我还不懂女人啊！"

藤原之后是否大彻大悟，把交往过的女人都揍翻，我孤陋寡闻，不得而知。当然，藤原为人绅士，不至于做这种事情；而我也不清楚是否所有女人都像那位意大利女性，渴望被男人揍。

不过，这个故事包含了一条永恒真理。

据说这阵子许多年轻太太挨了一顿打，立即就提出离婚，回娘家去了，这恐怕是感觉迟钝的年轻丈夫不对吧：尚未充分教授爱欲之微妙，盛怒之下就动粗了。

打一打、咬一咬，是性技巧，不宜就说是变态，这些被视为提高兴奋度的有效手段。看来，"男人打女人""挨打反而开心"这种事情里面，不是单纯的性亢奋，还带有精神的因素。

知识男性认为，"动粗"非知识人所为；但看来女性身上隐藏着更为原始的憧憬，在承受包含男人真性情的一记耳光时，顿悟了对方身上的男子汉气质。例如，眼看那口子心猿意马，老公也不言语，给她一耳光，促使她坚定起来；但若中了和平主义的毒，或坐视不管，或仅仅嘴巴上唠叨一番，老婆往往就真的把持不住了。

女性身上都有梦游症状，看来都有几乎全无意识地从床上起来即去散步的状态。一般说来，心猿意马的初步阶段，是梦游症似的东西，连自己也没有罪过意识，稀里糊涂出门去，和男人去跳舞等等。所以，如果见易迷糊的老婆热衷于精心打扮、独自外出，当她对镜而坐时，就可以断定她是梦游症，不必过虑、唠叨，突然给她一耳光，让她清醒，事后她也许就会感谢你："幸亏你打了我，我清醒过来了，我懂得了你的真爱。"男人应该把"耳光"作为教养的一部分掌握起来。

新剧演员所处的环境愉快、活泼，并非社会上想象的知识分子氛围的世界。我跟两三个剧团有关系，很了解。前不久，围绕一位美男子和他的演员太太，当演员太太有轻微的三角关系或四角关系时，平日里老老实实的美男子便在众人面前打了美丽爱妻一耳光。

这一来，他在男演员中间人气高涨，大获好评。

"那家伙第一次像个男人！"

而这对夫妇也越发美满，真是一石二鸟。

与之相反的例子，是一对年轻剧作家和女演员夫妻。那位女演员演完丈夫的戏之后，曾跟我们这些朋友一起喝酒。然而，她很懊恼当天没演好、忘词了。她在众人面前歇斯底里哭起来，弄得大家都来安慰她。到这个地步还罢了，她还埋怨起丈夫来：

"戏的这部分你没写好，所以很难演！"

顿时满座哑然。我很同情那位丈夫，然后又感到激愤：太太在众人跟前诋毁先生的工作，最没劲了。这种时候，做先生的态度只有一个：

扇耳光！

如此而已。我心想，要是我老婆，我早就出手了。但是，老实的剧作家只是苦笑，什么也没做……这两个人的婚姻生活，后来就陷入不幸的结局。

我那时还是单身，等我真结了婚，实在也很少有机会出手。根据自己迄今尚未出过手的不中用状态，我痛感理论与实际差异如此之大！现在的我，对那位剧作家恐怕也笑不出来了。

美国男性总是悉心照料女性，绝不至于打耳光，所以美国女性向往旧大陆的男人或者黑人。法国有一种"恶棍舞蹈"，是一种扯女人头发、扇女人耳光的舞蹈，现在仍是巴黎小歌舞厅的精彩节目，受到美国中年夫妇观光客的欢迎。这样的夫妇在美国标准的"女士优先"的环境中度过了大半生，看着眼前表现男女爱欲真貌的舞蹈，会作何感想呢？我实在可怜他们，死抱着存折和"男人不打女人"的教条过日子，多么乏味的一生！

在教室对付老师

司马温公的《劝学歌》里说："投明师，莫自昧。"（诸位请放心，我今天没打算上汉文课。）

这话的意思是说，跟脑瓜子超棒的好老师学习，别让自己成为白痴。师生之间的聪明程度，或者说愚蠢程度，有一种自动调节功能。下面的故事，说的是因为老师太棒太帅，弟子竟至反目的悲剧。如果老师不是那么帅，弟子也就能周旋一番吧。

先说明一下，下面这个绝无仅有的故事，真实发生在东京某大学，是我从在场者那里听来的。据说那所大学因此事而轰动一时。

大学的某间大教室里，正在上社会学课，帅哥 P 老师三十多岁，戴一副无框眼镜，正朗声介绍西方的学说。男生女生都埋头做笔记，听不见一声咳嗽——授课正入佳境。

此时，后面的门开了，跑进来一名迟到的学生，踩出一串慌乱的脚步声。大家不禁回头望去，只见一名妙龄女子身穿花哨连衣裙，她眼梢吊起，嘴巴咧向耳根。从这身火爆的打扮，几名重修生肯定认出来了：她是去年已经毕业的 A 子。

A 子要找个空位子坐下、听 P 老师的课怀旧吗？不，不像这么回事。她毅然决然地、笔直地走向讲坛。

P老师发现了A子，脸色突变，张口结舌。学生们不觉停下笔，望向老师的脸。黑板前，呆立着脸色苍白的P老师。

A子在尖锐的脚步声中冲上讲坛，她余光瞟着老师，双手撑在讲坛上，面对全体学生开始了演说。她发自丹田的声音，与她苗条的体形甚不相称。

"各位同学，你们为了什么来听P的课？不论学问多好，人格低劣者的课，也一文不值吧？也许有人认得我，我是去年毕业的A子。不过……不过，我已经（她歇斯底里哭起来）一辈子见不得人了！他践踏了我的纯洁、抛弃我、毁了我一辈子。这个男人、这个装腔作势的好色之徒，就是P！大家不要被他欺骗！"

激昂的声音中，大教室里一片寂静。P身体僵硬，不由自主地颤抖起来。

"P是个卑劣之徒、骗子，不在众目睽睽之下对他道德制裁，我绝不甘心！"

A子说着，向P猛转过身，用尽浑身力气打了P一记耳光。P想护住无框眼镜，但没奏效，眼镜飞出了两米远。A子尖利的笑声响彻了大教室。

"各位，请看这张可笑的脸！这张摘下了眼镜的脸，是多么丑陋！请仔细看看他这张无比丑陋的脸！"

这句话顿时激起全场笑声，仿佛决堤的水。大教室里乱成一团，无法收拾。A子在哄笑声中悄然离去。

自治委员立即前往教务处汇报事情的经过。可怜的P老师即日被解聘。

这是一个可悲而真实的故事的前后经过。

我不想利用这个故事谈什么经验教训，只是同情P老师当时遭受的沉重打击。

说来，这位A子的思维方式实在太小学生，她把教师与牧师、知识与道德混同了。这种思维方式太老了，今天，知识这东西和道德已经没有任何关系。即便名满天下的教授，若他小偷小摸、盗窃车辆，我丝毫不以为怪；现实中他们之所以没干那些事，我明白只因他们太老或者太要面子而已。世界知名细菌学者犯了强奸案也并不稀奇，只不过学者们可能在学问上全力以赴，没有剩余精力去干那些事情而已。

A子严词斥责P老师，动机并不那么纯粹。假如A子是因街头恶棍失身复遭抛弃，她可能就一声不吭，畏畏缩缩、不敢报仇了吧。正因为对方是个有点儿名声的教师、一个懦弱的知识分子，所以就来这一手。没有笨蛋会做必输的买卖，应该说她这一招很聪明。

然而，更加可怕的，是她把老师摘下了眼镜的脸暴露在公众面前的演出效果。那张摘了眼镜的、怪异的脸，是她在寝室里才头一次看到吧。"摘了眼镜会自卑"的告白，是一个男人的秘密，只对自己钟情的女性才坦白吧。这个秘密，应该是真情的美好回忆（即便此时已经疏远），A子将这个最为美好的回忆出卖给公众了。此时此刻，女人报仇的可怕，让我为之色变。

教室于教师而言，是至为神圣的舞台。A子一下子把寝室问题拿上来说事，可以说，具备了革命家的力量和才华。所谓革命，就是这类作为：把厕所搬进公爵家的沙龙、把拖拉机开进最高法院、把死老鼠扔进首相官邸。把不该有的东西弄到里面去，这就是革命。

在知识的殿堂——教室，A子毅然决然将色情和无知带进来，拿出了"潘潘女郎"也不及的宏大气魄。她的才干堪比革命军的圣女贞德……然而，可悲的是，只要她难得的、凶猛的破坏力未能破坏社会秩序，她的所作所为，就要被社会秩序的某个方面严惩吧。

总而言之，对付老师，最佳地点是在教室。对付警察，最佳地点是在警局。而对付美国大兵，最佳地点是在立川基地。若在这些地方形势有利，对手绝对完蛋。不过，各位就得拿出相应的勇气了。

色情狂

有些女性心理，是我们男性怎么也接受不了的。例如，有些女性会很生气："你要的不是我，只是我的身体而已。你就是一头野兽。"

假如反过来，男方说"你想要的不是我，只是我的身体而已。你好肮脏，是一头野兽"，那又当如何？落后于时代的伤感处男，若被半老徐娘夺走童贞、复遭抛弃时，可能会口出这样的怨言吧。但是，这种话一般不通用，不会马上有反应。

男人乃是奇妙的野兽，他一旦知道女方只要他的身体，顿时大受鼓舞，自信心暴增。对男人来说，最自豪的事情莫过于人家爱上他的肉体，而不是爱上他的善良天性、纯情，或者才华、头脑。这是男人的共性，不管是高知男还是渣男。

然而女性完全不同。

她们相信"我"较之"我的身体"，是更为高级、更为美好、更加神圣的存在。所以，将高级、清净美好的"我"置之不理，只把等而下之的"我的身体"作为欲望对象，是不可原谅的行径。这是奇特的自相矛盾，如果女性相信自己的肉体是"高级、美好的神圣之物"，那么男人对之向往的欲望，也应给予较高评价，但许多淑女有一种倾向，尤其感受不到自身肉体之"神圣和美好"。

我这么说，读者肯定觉得是瞎说。出浴的玫瑰色裸身映照在有点热气迷蒙的镜子上的恍恍惚惚的女性姿容，常常出现于小说或者电影。另外，盛赞同性身体之美丽的女性也不鲜见。这种朴素的肉体崇拜与我的说辞之间，乍看并不合拍。

要进行说明，我感觉萨特先生和西蒙娜·德·波伏瓦女士的学说最为适切，所以我这里将二位先生的学说通俗化，予以借用。

据二位先生说，女人这东西，比起作为男人性欲的主体，其存在理由更在于作为主体对象的"物"，即成为"物"（objet），所以，女人就被教育成"被爱时必须抛弃自己的主体性"。可是，男人是主体本身，爱的时候也不失主体，不会变成了"物"。

然而，反抗这样的历史性社会状况乃人之常情，女性想站在主体性的立场，男性则相反，"偶尔也想变成物"。于是，男性对于仅仅是自己肉体被爱这件事，充分体验了"物化的满足"。但是，严格地说，因为男人是变不了"物"的，所以这种满足是一种假装的满足，就像少东家扮成卖鱼的、管人的扮成被管的那种开心玩法，可以认为是"阿锦电影"（万屋锦之介主演的电影）式的开心。

另一方面，因为女性希望尽量回归主体性，所以感到仅仅只有肉体被爱是一种侮辱。因为男人的性欲，不管主观意愿如何，天生都把女性肉体对象化、物化，剥夺其主体。同样是被爱，女性希望尽量在主体获认可之上被爱。对男人而言，特定的女性肉体，和一般的女性肉体并无差别，与之相较，女性希望被爱的是并非他人的"我"，而是我的个性、是唯一的"我"。

说到这里，我想您该明白了，女性对自己肉体的想法是双重的：

自信于"我的身体美",动辄又归为"一般女人的肉体",否定与个性有关系。女性有一种倾向,归根结底不认同自己肉体的个性和主体性。这也是其容易跟随流行的一个原因。

总而言之,女人对自己身体所持的看法,跟男人有相当大的差异。其乳房、腰身、腿脚的魅力,全都像是"女式"的展览会。越是美丽,她就越感觉不属于自己个人,越认为那是普遍的、一般女人的东西。在这一点上,无论如何化妆打扮、如何对镜度日,女人本质上不能成为那喀索斯①。古希腊的那喀索斯是男子。

一大篇开场白之后,本篇的主人公——"色情狂"该出场了。

所谓"色情狂"是什么呢?这种人,是绝对不会从人格上爱女人的男人,是纯粹执着于女人身体"物化本质"的男人。

所以,色情狂是为女性所厌恶、被社会视为滑稽的男人,是可悲、懦弱、郁结的男人。然而,脑子里幻想着真正的维纳斯的,也许就是这些色情狂。

顶着"龇牙龟"②的恶名,他们偷窥女浴池。或者在电车上,从陌生女子的屁股找到无上的快乐。或者藏身电影院的黑暗之中,通过握住邻座女性的手,发现人生最大的快乐。

大都市有数不尽的色情狂,他们悄然沉醉于悲伤的梦中。那是一种危险的人生,活在与犯罪差之毫厘处,一直面对着可能在社会上颜面无存的恐惧。

---

① Narcissus,希腊神话中的美少年,因热恋倒映在水中的自己的影子而死。"自恋"一词的词源。
② 指窥视女浴池的变态男人,源自日本明治时代一个绰号叫"龇牙龟太郎"的窥视惯犯。

虽然色情狂是如此可悲的存在，但真正的维纳斯形象，也许就在他们头脑中闪烁。触摸陌生女子的屁股或手、偷窥陌生女子的身体时，他们也许触摸着维纳斯的各个碎片，而完全除去了女性的人格。对男人而言，真正困惑的是，女性美的最高境界——维纳斯——身上，集中了女性"物的美"，那里头是完全抛弃了人格的；这样的维纳斯，对于与现实打交道的女性来说，是无从追求的。于是，竟由色情狂代表了男性欲望隐秘的宏愿。

那么，被色情狂袭击的女性须知，对付色情狂最为迅疾且恰当的反击手段，就是宣示你的人格。

"哼，你又来了，N先生。我讨厌你这样突然摸一把。我因为你这人，对日本经济问题产生了浓厚兴趣。大家都在夸我，说我现在完全是一个经济学者的派头啦。"

这么一说，你在他眼中瞬间成了有人格的女性，你的维纳斯屁股消失了，维纳斯不见踪影了，色情狂肯定失魂落魄而逃。——但是，如果有欢迎色情狂的女性，她就是真正的维纳斯了吧。

忘恩负义

我很爱猫。理由就在于猫是利己主义者,是忘恩之徒。而且大概而言,猫只限于忘恩,不像恶劣的人那样,还来个什么恩将仇报之类的。

施恩予人时,应该像河水冲走花朵一样,事过即忘;获恩的一方,也应该淡淡地忘怀。这才是君子之交。

在贫穷时期,正值饥寒交迫,获赠热气腾腾的包子,那种喜悦,过了数十年、事业有成之后回想起来了,于是找来当年的恩人,盛宴款待,说:

"今天我也小有成就了,您那时的恩情我一辈子忘不了!"

说者、听者都热泪盈眶。类似的故事不仅出现在戏曲里,在名气很大的实业家或者演艺人士的自传中,也是不可或缺的一个片段。

这样的故事总让我不自在。而且,要是恩人一方如今落魄了,那故事就是数倍的不自在。当时一时鬼迷心窍,恰巧送出去几个包子,数十年后竟成了美谈的陪衬了。

假定有这么一件事:你去登山,差一点失足坠下悬崖,千钧一发之际有人救了你的命。

你自然会说："感谢救命恩人，我一辈子不会忘记您的大恩大德！"

又假定很巧，这位恩人就住在你家对面，你们天天要碰面的。

开头几个星期，你会望着他的背影双手合十，心想："哎呀太好了，我现在还活着，全靠这个人啊。"

但是，几个月后，你的心理来到了岔路口：一条路，是渐渐忘掉救命之恩，只把对方当邻居，轻松自在地交往；另一条路，是心理负担沉重起来："嘿，今天又得看见救命恩人的脸了。"于是你渐渐避免遇见对方，过了一段时间，你不自觉地变得憎恨对方，背地里说起了坏话。

二者相比较，淡忘的前者真好啊。即便是人类，也很有"猫性"。只不过因为世事牵扯，被掩盖了而已。所以，假如是同样的事情，以善用这种"猫性"为佳。

说起救命，恐怕获得医生救命之恩的人很多吧。但是，谁都不觉得医生的救命之恩是个负担，随即就忘掉了。这是因为救人是医生的职业，救人者、被救者都视之为理所当然。但当被业余人士救命时，就是蒙受大恩了。

我已过世的奶奶是个好人，但她有一点叫人为难：她平日里总爱说"那家伙真是忘恩，为他做了某某事情，他却一副若无其事的样子"，说某某人忘了道谢。

这种人的人生是灰色的，他必须数着别人的背叛或者恩情过一辈子。一旦数开了——用不着我单列为一个讲座题目，这样的忘恩行为，在社会上多如天上星星。所以，"知恩"的行为才成了美谈，忠犬八公才立了铜像。

恩易忘、怨难忘，这是怎么回事呢？这就跟不幸难忘、幸福易忘相似。佐藤春夫在他的诗里讴歌："因为幸福像冰淇淋易融化，所以立即忘掉成不了诗和故事的材料。"从别人处受恩，也与幸福相似。大体上，因为人有向上的欲望，幸福或恩关系于维持现状或从现状向上提高，与生命的方向相同，所以容易忘；而不幸或怨恨的记忆是现状变坏的记忆，与生命的流向相反，所以就难以忘怀了吧。

遇上旧日有恩之人，我们会瞄一眼那人的脸，感觉"恩"这个字在二人之间如闪电般掠过。自己心想：

"啊，此人于我有恩吗？"

对方也想了想：

"我曾为这个人做过某某事情。"

这是有点儿怪怪的瞬间，肯定像上过一次床的一对男女再次偶遇时的感觉。然而情是没有"回报"的，恩却须"回报"。"恩"就像是借款，报恩的美谈显得那么卑微。它若像情事的回忆那样，是彼此没拖没欠的，那是多美好的开始、多美好的结束啊。以下这样子就比较理想了：

假定某男子十年前做巡山救人的工作，这回在银座偶遇了自己救过一命的年轻人。这位获救者已经安居乐业，正领着美丽的新婚妻子幸福地逛街。恩人认出了青年，但青年已忘得一干二净了。于是二人对视一下便错身而过，连招呼也没打。恩人心里头嘀咕：

"噢，这家伙幸福得很。那全靠我救了你一命啊。我只要心里想想，就挺满足了。他忘了反而好。要是他向那位年轻太太介绍我是他的救命恩人，才不好意思呢。"

恩人这么想着，幸福满满地离去了。那位青年在另一头也嘀咕：

"咦，这人见过的——是谁呢？是当铺掌柜吗？可他肤色那么黑。"

过了约一个小时，青年恍然大悟：

"我想起来了，那人是我的救命恩人！但是，混账东西，要是那时我死在山上，就是带着满腔热情和理想死的，可如今却是个前途灰暗的上班族，过着龌龊的每一天。如果当时死了，人生是多么浪漫啊。哼，去你的吧，救命之恩！"

这个青年人对自己活着乃借他人之力不堪回首。但这正是他好的地方。

报恩把人生关在小小的、借贷关系的框框内，拘谨局限。与之相比，猫式的忘恩，可以说，给予我们人生的梦和可能性的幻影。

幸灾乐祸

拉罗什富科说:"我们铁石心肠,可旁观他人不幸而无动于衷。"这完全是巧妙的讽刺,指一种普遍的人类心理。在女生们一起自杀的事件中,常有这样的遗书:"我同情朋友的不幸,跟她一起去死。"但是,与其将之归为例外,毋宁归之于别的原因:女生特有的、病态的感伤主义。但凡健康的人,上面所说的格言都很适合他。所谓健康的人,就是本质上不道德的人。

当今社会上,有闲妇人单纯得很,靠着消费他人的不幸过日子。交际圈一有事情,就忙不迭地打电话给朋友:

"喂喂,N,你最近好吗?"

相熟的朋友从她声音里的快活劲儿,不用说就明白她打电话的原因了。

"你看今早的报纸没有? S的丈夫涉嫌犯罪被逮捕啦。哎呀,S真是好可怜。她会怎么办呢?她那一堆孩子啊,真是太可怜了。"

听她兴冲冲的声音,假如N再描述一番"我去S家了,一家人哭哭啼啼,S自己卧床不起"的话,这位有闲妇人简直要心花怒放了。

到了第二天，有闲妇人又给 N 打电话：

"我听说 Y 的先生脑溢血去世了。Y 真是不幸啊。苦熬到头，好不容易先生当上了社长，结果成了这样，太可怜了。令人叹息啊。不过，正因为这样，遗属们该不会有什么困难吧……"

"不，据说他们借了许多债，几乎没留下什么。"

"哟，真的呀？"

有闲妇人的声音里掩饰不住喜悦。

"就连现在住的房子，据说都重复抵押了。"

"真的呀？太不幸了。不、不会的，N，不是真的，不可能那样的嘛。人家都够不幸了，命运还那么残酷，哪会有这种事情啊。"

"可我先生是这么说的呀。谁都知道我先生消息灵通。"

得到了肯定的消息，可想而知，她几乎当场喜极昏厥过去。

但是，这样的妇人属于天真烂漫一类，更为纠结的妇人，会参与慈善事业。

在国外，季节之交时，社交界常举行慈善演出、慈善舞会或慈善游园会（这阵子在日本也时有举行）。纽约歌剧院等搞慈善演出，平时十美元左右的入场费，会飞涨至五十美元。付高出许多的价钱看同样的内容，那是笨蛋——我们这样想是很肤浅的。慈善演出或者慈善舞会是豪华的社交机会，只有能白白给高价的人，才有资格参与。是谁想出了这样的高招？我佩服至极。出席人士越是较量奢华，就越是给慈善事业多做贡献，既尽可能地满足奢侈、虚荣的欲望，又同时得到贡献社会的满足，对穷人没有任何愧疚。由此而惠及聋哑学校呀、医院设施呀、残疾人设施更新呀之类，这些地方因此而获得了年度预算。

更往歹处去想的话，慈善演出或慈善舞会那种盛大的喜庆活动，意义并非只在其本身。像阳光和阴影一样，自己转为做慈善的一方，就意味着场上看不见的另一面——获得慈善的人们；随着歌剧序曲或华尔兹舞曲的陶醉，另一面作为佐料，可使之更加欢快。仅仅是健康的有钱人在享受歌剧、舞曲，这感觉似乎有些欠缺；为了更加幸福、更加喜庆，另一面确有必要存在不幸、残障。而且本质上不道德的这种欢乐，非但不被惩罚，还受到社会上的褒扬，获得上帝嘉许，是不该获咎的。

皆大欢喜的社会构造中，总让我佩服的，是与市中心的剧院相邻的餐馆的露台。那儿是花柳界全盛期的西餐馆，露台伸出到河面上。初夏之夜，时见大腹便便的中年绅士们——感觉是因朝鲜特需[①]暴富的人，带着漂亮的艺伎，在看戏幕间休息的时候，常到这露台来纳凉。在河的这一侧，戏剧、美食、美女和金钱，尘世的快乐，全部都齐备了。

按说，这个露台有着最美的景致。恰好河对岸，有一所军队医院，收治外国伤兵。傍晚时分，可见女护士用轮椅推着耷拉着脑袋、若有所思的伤兵出来，沿河走动。草坪上，伤兵们在休息，所缠的白色绷带颇为扎眼。而那些士兵，几年前还是战胜我们的人。

……那阵子我常来这里，奇妙地感受着命运的逆转。假如这些人是日本同胞，即使在表面上，我也该一副同情的样子，但国家这种利己主义胜过一切。在露台上逍遥的是日本人，看着对岸，没有一个人面露同情。所谓"我们铁石心肠，可旁观他人不幸而无动于衷"，这样的人类普遍心理，极其自然地流露着。

---

① 美国因朝鲜战争而在日本大量订货，大大刺激了当地需求。

仔细想想，我们如何保持自己的精神健康？似乎其中的一半，是以不宜为人所知的秘药或者秘密食品来养育的。他人的不幸等等，也是这种药物之一。然而，无论怎么说，做人要实事求是，当人家有丧事，你完全由着性子，带上喜事用的红白年糕兴冲冲上门，那就不合适了。又比如这样子登门道贺：

"大家好。各位都很高兴，真是太好了。我听说您家主人因贪污欺诈，去吃发霉的三两饭了。说实在的，主人打心底里高兴，夫人也大可放心了吧。去了该去的地方，心里就踏实了，再好不过了。孩子们在学校里也脸上有光吧。我匆匆忙忙过来道个喜……"

再怎么说，这也太过分了吧。

恶德不嫌多

报纸在报道某个罪案或者离谱的坏事时,往往配上第三者的感想:

"他原本是个好人啊,没想到也会干出这种事情。"

有些人犯罪成性,前科累累或者是个赌鬼,过日子就是监里监外来来回回。这种人在本讲座读者中,恐怕连百分之一也不到吧。这样的犯罪天才若读了拙文,会觉得我的讲座实属小儿科,无法卒读。

所以,我是以一般善良读者为对象来谈论的。我所说的犯罪,是一个例外事件,是偶一为之的事情。但是,要说人为何会那样子犯下罪行呢?我试研究了种种犯人心理,发现平日里懦弱胆小、极善良的人,会突然失控;或者受诱惑迷了心窍,或者被环境所逼迫,做了错事。

我想忠告各位的是:只干一项不道德的事情会很危险,应该尽量多干,在其间搞好平衡。

直截了当地说,我常听说这样的事情:纯情小伙迷上了女流氓,钱不够花,就把朋友的东西变卖掉;但即便这样也不够,于是干出入室抢劫的事。但如果这小伙此外还有两三个女人，他就绝不至于发生这种事。这是因为，纯情小伙与女流氓之恋太道德了，就因为抢别人东西一项不道德行为，就坠入犯罪深渊。有机会瞧他一眼的话，这位纯情小伙子肯定给人良好印象。只是，他不该深陷一项不道德行为，他如果另有两三个女人，身背"不道德"标签，即便手头缺钱，他也绝不至于入室抢劫，充其量也就是个"欠账不还"的不道德问题吧。

百分之九十九符合道德、百分之一不符合，这是最危险的、临界的状态。百分之七十符合道德、百分之三十不符合，这样最安全，这才是一个社会人的标准吧。这个比例很难数字化，百分之一不道德者，往往较百分之三十者更接近犯罪。其中像某些大胆的政治家一样，即便显示出百分之一道德、百分之九十九不道德的比例，他们非但不是犯罪者，甚至堂而皇之作为"国民的榜样"抛头露面呢。

同样面对结核菌，从乡下来的健康青年没有抵抗力，一下子就会染病；而东京长大的豆芽菜小伙子反而不容易中招。大城市锻炼了人，让人对不道德强韧起来。于是，就不用担心染病（犯罪），身上可以携带种种的不道德。西方自古就有所谓社交界，这玩意乃是不道德的老窝，但同时也是对不道德菌免疫者才能勾留之地，与之和谐共处。他们是绝不会对不道德火冒三丈的人种。一个人若对坏事火冒三丈，这就是他属于正义派的证据，这是最不道德且弱质的人种。所以，他们常常给我写言辞激烈的信，说：

"你赶紧停掉这种有害的讲座！"

不该只有一项不道德记录，得干许许多多不道德的事情。

例如，假定某人有撒谎的不道德行为，他就不该一根筋地发展至诈骗犯的地步，而应一并带有一两项其他的不道德行为，例如"看上了别人的女人""吝啬"什么的。于是，这三种不道德行为之间以毒攻毒、彼此制衡，又或协力一致，使此人活力大增。此招可谓行之有效。

A君去见B君，即便他厚颜无耻地坦白"我昨晚跟你的女人上床了"，但B君知道他爱撒谎，并不相信他的话。B君嘿嘿一笑，问他：

"哎，那你是怎么勾引我的女人的呢？"

"我们先去帝国饭店吃晚饭，再到新片首映影院买票，看了《别碰女人》。然后我们在夜总会跳舞，其间我送了她钻戒，最后就带她去酒店了。"

B君一听，哈哈大笑：

"像你这种吝啬鬼！别开玩笑啦。你没那种气魄花钱吧，别想蒙我了，够傻的。总之，我现在对她很着迷。"

B君置之脑后。

因为B君的女人总是有点怪怪的，有一次，B君不动声色地提到了A君。

"我有个朋友A君，你知道他咋回事吗？——极其小气！他那么吝啬，不爱掏钱请女孩子吃饭，所以没女孩子要跟他。可这家伙也很怪，据说他对真心迷上的女人，就会大把砸钱。只是对萍水相逢的女人，还是那么吝啬。"

B君说着，窥探女人的神色。若见她微露欣喜之色，A君说的就是真事了，他们之间应该有暧昧。然而，她一下子变得很不愉快。

B君心想："这就怪了。是她被A君吝啬对待，伤自尊了么？"

因为 A 君确实爱撒谎，A 君所谓请吃饭、看电影、跳舞之类的话，全是撒谎，跟她的神态相符合。

这些全都以 A 君爱撒谎为前提，既然这样，A 君宣称"我昨晚跟你的女人上床了"，也必是撒谎无疑……如此这般，B 君的脑子变成了一团糨糊。

"我认为，如果她显得高兴，那就有古怪；可她显得不高兴，我还是觉得有古怪。我这是怎么回事？"

秘密于是得到了保护。A 君因为爱撒谎、吝啬、有喜欢上朋友的女人的毛病，够得上三项不道德行为，于是安然无恙。这 A 君若少了一项不道德，齿轮的运转就不圆滑了吧。

假定某官员好色、粗暴，他就不会贪污渎职。因为商家们怕他行事粗暴容易坏事，对他特别小心。

要引诱别人起邪念，一般是要百分百利用那人好的一面。尽量减少好的一面，是不落入邪念诱惑的秘诀。

炫耀打架

所谓年少气盛，年轻人尤其喜欢打架。年纪轻轻却特别沉稳平和，大抵是多次失恋的人。

不久前的圣诞平安夜，黛敏郎[①]夫妇和我们夫妇俩泡完了夜总会，想去一家喜欢的烧烤店。到了店上二楼，我们一面屏风之隔的邻桌，是一伙十七八岁的年轻人，他们一边嚷嚷加煎饼，一边吹嘘自己打架了得，以此欢度"神圣之夜"。这圣诞夜、吃煎饼、炫耀打架三件事，就像是"三题相声"[②]，实在有趣。

"警察有啥好怕？我把他那张脸塞进玻璃窗，给他扎上一脸玻璃碴儿……"

诸如此类的高谈阔论，如同法华宗信徒打着鼓走路，越打越来劲，没完没了。

那一桌有一两个女孩子，她们一声不吭，似乎被他们唬住了。

由此我想起了一位久未谋面的老友。我们一见面，他就炫耀打架。

战后不久，他好一阵子侃的都是特攻队[③]时的事情。他从熊熊燃烧的飞机跳伞，发现眼前有一个跳伞的美国兵。双方随即在空中互相射击。他感觉自己打中了对方的降落伞,那伞像白天的牵牛花一样萎缩,美国兵掉到地面摔死了。我听得瞠目结舌。

约一年前见他,他炫耀的格局小了许多,说的是在某私营铁道的站前发生的事情。

当时,五六个无赖围住了他,找茬挑衅。这时候的他已经明白出手伤人没意思,便忍气吞声,任对方胡搅蛮缠、肆意欺负。对方越发得意忘形,扬言他得下跪谢罪才放过他。他强忍怒火,穿新裤子的腿一弯,屈膝跪在沥青地面上。此时,周围人墙中出现了一个认得他的刑警。这位刑警对他喊道:

"喂,N桑,是可忍孰不可忍,干他呀、干他!"

"好!干一家伙!"

他一把捞起跟前一个无赖的腿,将其放倒,再顺手一排打过去。定睛看时,身边已经躺倒了四个人,余下的两个一溜烟逃走了……

从他口中听这种三流电影情节似的故事,实在是真假难辨,但特有气势,很过瘾。

在炫耀之中,恐怕炫耀打架是最没有罪的。揍人、打出鼻血之类,过程大都一样,但这是最佳话题;在所有炫耀中,唯独它没有坏处。炫耀国外旅行,只会让没出过国的人别扭;炫耀容貌长相或者受女性欢迎,俗不可耐;炫耀知识,有穷酸之嫌;炫耀所属机构则显得奴性。炫耀工作属于无聊;炫耀家世,已落后于时代(我一

---

① 黛敏郎(1929—1997),日本作曲家。
② 日本单口相声(落语)的一种,由观众任意出三个题目,表演者当场表演与三者内容相关的相声。
③ 二战末期,日军为挽回颓势,组织了驾机直接撞击美军舰只的行动,由"神风特攻队"实施。

位朋友与某女子相好，那女子上得床来，冷不丁冒出一句：哎，认识某某吗？我朋友说不认识，对方说：哦，不认识么？前邮政部长呀。他是我伯父。我朋友顿时兴致全无，把她甩了）。

炫耀娃让人心烦，自己一张脸老得像癞蛤蟆，还要吹什么"我女儿像我"之类，徒增可悲而已。炫耀私家车没品；炫耀住宅是蠢——人家又不能住；炫耀老婆没劲……炫耀大体只会让听者受不了，但唯有炫耀打架令人很爽。最近连女人也有炫耀打架的。

"我把袖管一撸：你要是不服，咱们到外面去分个高低！这么一说，那帮小子顿时作鸟兽散，过瘾、过瘾！"

说这话的是个清秀女子，挺有意思。

与此相反，她遇上了艾尔·沙罗之类的人，会一边跳舞一边吹牛：

"我跟艾尔先生是同一家公司的呀。"

"嗬，你是某某公司的人？是做什么工作？"

"我是所谓的'新面孔'啦，拍过四五部片子。"

——这样子挺没劲的。

炫耀打架呈现了"斗殴"的完全非功利性质。喜欢打架者不用说，与打架无缘的人也饱了眼福。炫耀打架降低了当事人的价值，而不是提升其价值。忍不住非得炫耀，与其说是坦白自己的缺点，毋宁说是要听者心情爽快。之中适当地把"炫耀"的正面要素和"打架"的负面要素调和折中。

鱼码头的阿安玩健美运动，下面是他的一则炫耀。虽然他不是炫耀打架，却是我迄今听过的、最令人愉快的炫耀。

"我住的那块，可真不得了！前面那家人因犯恐吓勒索罪被抓，旁边这家的女儿在商场偷窃。隔两户那家是抢劫未遂，后面那家人犯的是伤害罪！"

炫耀打架多少跟这种说法类似：拿社会良知本不该炫耀的事情，堂而皇之地炫耀，感觉到一种嘲弄。炫耀社会良知绝对认可的事情，难免招人厌烦。之所以炫耀体育项目夺冠还不如炫耀打架爽，就是这个道理。

说到打架动机，大多是不明不白的。或者瞪了人家一眼，或者在人家走过时伸腿之类，总之无聊动机居多。为那样的小事情动气，乃是一种才华。我两三天前看了一部叫《大西部》的电影，出场人物是一个轻易不动声色、兼具实力和勇气的大英雄，加上是我很讨厌的演员扮演的，真是烦透了。

打架通常因对小事生气而发展为严重事态；而人生中的事件，则没有动机大小之分。有充足的理由才生气、打架，即便有戏剧性，也失去了打架的纯粹非功利性，把人类行为当成了人工性的东西，用逻辑固定下来了。炫耀这样的打架属于无聊。

说打架，最近就听说了一宗兄弟干架。打架开始时，必是弟弟拿出两把菜刀，一把交给哥哥，大干一场。我想，这肯定是一对十多岁的兄弟吧，谁知那哥哥三十、弟弟二十八！真叫人无语。

吹捧他人

世间若有讨厌恭维吹捧之人，我倒很想见识一下。尤以女人和当权者最喜欢被恭维吹捧。我不妨断言：越是宣称"我最讨厌奉承"的人，越可以视之为恭维吹捧爱好者，而且有奢侈地消费恭维吹捧的嗜好，需求比别人多一倍。

我有位朋友，是个豪放人物，某日他去拜访好友，在大门口见到好友的两位妙龄女儿，不禁叹道：

"你的女儿都无甚姿色啊。"

据说那家的太太自此禁止先生与之来往。

这是认为大男人要不虚伪、"实话实说"的道德家，在酒精作用下才会干出来的事情。认为人家女儿没姿色，不作声就好了，说出口难免伤人。另一方面，所谓"文雅绅士"一类人，因为必然是不道德的，所以是恭维吹捧人的高手，他们绝少触及"人类真相""人性真相"之类的话题。拥有钻石首饰的贵妇人，惯例是把真品存在银行，佩戴分毫不差的玻璃仿制品外出交际。人生的真相也跟这一点相同，真品出场的机会，大致是十年一回或者二十年一回，其余的都用赝品搞定。这就是世态人情，所以，经常愣头青似的冲锋，自己就会伤痕斑斑了。

战前，某著名政治家是贵族出身，一向讨厌溜须拍马。假如有人来说："哎呀，先生实在是一派贵公子风貌，有品位，佩服佩服！"或者说："先生的高见，的确是俾斯麦不过如此呀。"这个人马上会被这位政治家讨厌，不再见他。与此相反，这位政治家对语言粗鲁、怨声不断的人，则十分优待。例如：

"什么呀，先生一副小白脸模样，适合穿正装，这在今天落后于时代啦。"

或者说："先生的想法落伍啦。又来哈姆雷特那套'要死还是要活'吗？在这种地方，非跳崖不行了。实在是邋遢嘛。"

当人家说这种话时，这位政治家便喜形于色。

乍看这位大政治家有东洋豪杰气派，远媚言小人、爱直言不讳之士，但实际上，这位先生才是最爱听奉承话的人。也就是说，成长于优越环境中的这位先生，已经厌烦了西餐、高级料理式的吹捧，只对茶泡饭呀、烤白薯呀、烤饼呀这类东西有食欲。贵公子风和高明见解，是他自小打嗝似的被夸的，时至今日再说只觉得肉麻。但是，攻击他长相、取笑他高尔夫球技的吹捧，就很新鲜有趣，离不开了。因这个吹捧者对另一种吹捧技术颇有心得，所以可在不真正伤其自尊心之下，适当地损他。而且乍看上去，还挺像是直言不讳，所以效果也很好。贵人的吹捧者必须具备这样精妙的特质。有时甚至要争吵一下给别人看……甚至与之绝交给别人看。吹捧的最高技术，也许就在于适时来一场无害的争吵吧。

法国人教导说，吹捧的秘诀，不在于赞扬一位连战连捷的将军"您是一位杰出的战术家"，而是瞅准了别人不夸的冷门，说："将军,您的胡子真漂亮啊!"

某方面已经被夸得麻木的人,心里痒痒期待人家夸他别的方面。这种地方大多是不起眼之处,但认可这些地方,却正搔着了痒处。大政治家或大实业家,比起政治手腕或实业家的才能,他更期待人家夸他仙人掌种得好啦、领带趣味高啦、小曲很拿手啦之类。

艺伎们洞悉人性幽微,尽管她们可以满不在乎地敲敲别人望而生畏的大政治家的秃头,但她们更精到于装出自己是用一个女人的眼光来认可对方是男子汉。为此,艺伎这种存在,得寸步不离"我是女人"的立场。假如艺伎变成了女汉子,其天真无邪的、性方面的讨人欢心,就触不到对方的心灵了。

外国人喜欢吹捧的好例子,写在圣伯夫的《我的毒药》一书中。不用说,是关于维克多·雨果的事情。

> 雨果身上兼具恶俗和天真两面。老迈的朱丽叶卑微地追从拢住了他,守护着他。演员弗里德里克这样对我说:
>
> 那个女人说"您很伟大",把他(雨果)抓在手中。她说"您很美",吸引住他。他每天去她家,就为了听她说"您光芒四射"。她就是那样对他说的。就连交给他厨房的账单(这方面他很抠),也写成这样子。就是这么回事。
>
> 诸如:"从我想念的您处领受……""从我的国王领受……""从我的天使、我美丽的维克多……"又或者:"购物如下、洗濯如下,一共十五项,经您美丽的手……"

我列举这样的例子,别人也许觉得无端吹捧是弱者笼络强者的女性化的技巧。没错，当权者是强者；但是，一般女性同样喜欢被吹捧，她们也都成了强者，这在逻辑上有矛盾。

　　对这个问题，简言之，当权者也好、女性也好，他们都喜欢回避人生或社会的真相，从中找到乐趣。在这一点上，当权者和女性相似。而且，在二者都是营养充分的可口水果这一点上，也相似。蚂蚁聚拢在这种可口东西周围是理所当然的，因为蚂蚁希望得到可口的喂食，所以要玩弄技巧，让对方的眼光更加远离真相。但是，世间不可思议的是：一味吹捧的一方，是现实主义者，看清楚人生真相了吗？这一点说来颇奇异。一味追随而获益的人，也只知道人生的一个方面。唐璜对年龄差一大截的女性直白地赞叹"你太美了"，他未必是尽知女性丑陋方面的现实主义者，多半场合他是一个想法过于天真的梦想家。能够绝对不诚实地吹捧他人，毕竟是一种恶魔式的天才吧。

毒药的乐趣

某部电影有这样讽刺的一幕：

一位著名律师用伪证替美少女的犯罪辩护，结果庭审判美少女无罪。律师到常去的餐厅进餐，这时，并非看破内情的女侍应对他说：

"律师先生，下次我毒死了丈夫，也要拜托您呀。"

著名律师只能苦笑。

我之所以想起这个场面，是数年前我去巴西，正遇上那边为一个毒死丈夫的事件哗然。

众所周知，巴西是天主教国家，宗教上严禁离婚，作为权宜之计，维持婚姻，分居即可。但是，女方心底的梦想，仍希望早一刻与讨厌的丈夫分道扬镳，又希望继承财产，过自由的生活，于是，最终发展为毒死丈夫的事件。在当时的巴西，甚至传说（当然是夸张）上流社会的富翁丈夫，对老婆送来的饭菜都心有余悸不敢碰。

据说巴西人天生怜香惜玉，当下毒嫌疑人——一个美丽的女子站在法庭上时，全体陪审员都同情被告，一致判其无罪。毒杀丈夫竟然判无罪，无疑是丈夫恐慌的时代来临了；丈夫的处境，就如同与屠狗者同居的狗一样。

数年前让全法国哗然的拉卡兹事件,美女多米尼克数次与富翁结婚,而每次富翁都死于非命,巨额财产尽归美妻所有,这个经历使她蒙上"富翁丈夫杀手"的嫌疑。

在国外,谋财杀夫的事件相当多。日本也许是有钱人少吧,亲属间的谋杀大体是忍痛杀掉不肖之子,或者杀掉祸害全家的酗酒老头。似乎多是体现人性美的杀人。

所谓"因爱之切而杀子",是地道的日本式犯罪。

我自己身为人夫,并非不顾惜身份而向世间的妻子们推荐毒杀丈夫的行为。但是,世间已共度数十年婚姻生活的夫妻,心里头一次也没有起过"杀夫""杀妻"念头的,恐怕极少吧。只是没有机会付诸实行而已,并非她身上没有美丽而冷血的欧洲毒妇人传统,就像多米尼克那样。

在谋杀剧中登场的丈夫,一般情况下,是大腹便便、面目可憎的大资本家,社会地位甚高,坏事做过不少,以会赚钱出名。所以,他们的被杀得不到多少同情,落得个"自作自受"的评价,杀人的太太倒是获得同情。

穷老爸为了老婆孩子忙碌,不做坏事、从不撒谎;他可怜兮兮,根本没机会在这样的戏里登场。这么想来,从前说连小老婆都不敢奢想是没出息的丈夫,但现在,不妨说,连被老婆毒杀的可能性都没有的男人,才是没出息的。如此可怜的丈夫对悍妻唠唠叨叨说:

"哎,你那么恨我的话,就杀了我吧!"

其下场,充其量就是一声轻蔑的"哼"吧。在她心里,即使"恨不得杀了他",但权衡得失,就实在没有出手的心情了。当杀掉一个人只能得到两千元时，我们不把这样的杀人犯叫"坏人"，而是称为"笨蛋"。

然而，当杀一个人可得到一亿元时，唤起了老婆"管他三七二十一，干！"的心情，而能唤起如此勇猛之心，实在体现一个男人的能耐。

大体上，在现代社会，"富人不义"的思维很普遍。财产税之类，就是产生于这样的思维，而世间对于杀人致富的美丽寡妇多米尼克的美貌加胆识，其实是赞叹不已的。像多米尼克这样的女人，当然是把这一因素列入考虑之中了。她的所作所为，虽属暴力革命，但肯定是革命之一种。

到了这个地步，那位与阿根廷亿万长者结婚、未下杀手就离婚回国的日本女性，可以说是心地善良的大和抚子①了吧。假如亿万长者与中南美某地来历不明的女性结婚，他的小命肯定如风前之烛了。

且慢，我的幻想产生了飞跃——我此时就是那位亿万长者，我在脑海里描绘被美妻毒杀的情景。

"你怎么不喝这杯葡萄酒？"

"哦，现在不大想喝。你怎么样——你喝了吧？"

我从老花镜上方窥探妻子的神色。

好家伙！她脸色丝毫不变，说声"我喝了"，一口咽下。我颇为失望，心想：她用这种方式反复几次，好让我放心吧。

她带我去高尔夫球场，自己也陪着玩。打过一轮之后，她提出一起喝可乐。在她把可乐倒进杯子时，我突然觉得她指甲之间掉下了白色粉末。

---

① 日本对于具有传统美德女性的代称。

"噢，她终于出手了。"

我心里嘀咕道。于是，我向着晴朗的蓝天默念"永别了"，一狠心闭上双眼，一口气喝掉杯子里的可乐。

"嘀，太爽了。"

"运动之后喝这个最棒了。"

我呆呆地躺在草坪上，眼前浮现自己丧礼的情景：芳草萋萋的山岗上，出现了自己的静穆的坟墓。这时，她一身丧服、双手合十，黑色面纱遮盖下的脸上没有泪珠，代之以冷冷的、满足的微笑。那微笑很美，带着无可言喻的谜。

我想：你终于难受了吧？终于透不过气了吧？

然而，毒性却迟迟不发作。美妻扶我起身，说：在草地上休息小心弄湿了，对身体不好哩。

"咦，好奇怪。说不定是慢性毒药，得过两三个月才发作吧。"

我想。

幻想至此结束。幻想里的大富翁——我——触及了真理。我明白了！世间谋杀亲夫事件里面的丈夫，是主动挑选了谋杀亲夫的美妻的……没错，肯定是。

所谓"意乱情迷"

今天来谈谈已经不流行的"意乱情迷"一词，它是因为很久以前某变态小说家写的小说①变成流行语的。流行易变，而不道德万代不变。

记得三宅艳子②写过这样一篇文章，是关于人妻出轨的，现书不在手，引用不了；不过记得大体是这样的意思：对女人来说，即便用情不专未至于出轨，也是很开心的。在此意义上，即便是新婚燕尔的年轻太太，也是用情不专的。（三宅本人）去别人家里，听见这家的新婚太太在厨房与推销员说笑、笑声爽朗，不由得打了个寒战。以女人的直觉可知，那是另一种用情不专。但是，这样的用情不专，连本人都未意识到便已经忘记，而那位太太和年轻丈夫乃是两情相洽的夫妻，这一点丝毫没有改变……那篇文章大体是这样的意思。

如果把与推销员说笑、笑声爽朗都列为用情不专，那丈夫们都要折寿了；一般而言，这样的用情不专不被视为问题。但是，要说完全不视为问题可以吗？这也是一个问题。关于这一点，后面将详述。

《一千零一夜》里面有这样一个故事：山努亚王和王弟出门旅行，他们在海边牧场休息时，海里涌起一根巨大水柱，于是二人爬上大树，在树上避难。这时，水柱里面出来了巨型魔神，它头顶水晶柜，缓缓走上陆地，在大树下坐下，从柜里取出上了七把锁的小箱子。魔神把锁一把一把打开，从小箱子里走出一个美丽的年轻女子。魔神对她倾诉爱情，然后枕着她的腿睡着了。

这时，年轻女子看见了树上的两个男子，就说道：

"下来吧，没什么好怕的。"

二人正迟疑不决，年轻女子恐吓道：你们再不下来，我就叫醒我丈夫——魔神！二人无奈只好下来。女子主动向他们示好，意甚殷勤，二人哆哆嗦嗦婉拒，女子便又恐吓他们。最终，王和王弟与这个美女发生了关系。

事毕，女子从钱包牵出一根串联戒指的线来，上面的戒指多达五百七十枚。在女子的央求下，王和王弟都交出了戒指。也就是说，她收集了五百七十二枚戒指。

从这次可怕的经历中，山努亚王得悉了一条可怕的真理：这世上没有所谓的贞洁女子，即便是最强的魔神，也占据不了妻子的心；即便上了七道锁，也控制不了妻子出轨。

这魔神的宠妃是个彻底的肉体派，但对我来说，这个神话故事是通过肉体行为的叙述，去象征一般女人的心。封入上了七道锁的小箱子，以魔神之力加以征服，但只要征服不了女人心，女人还是无限地意乱情迷。

---

① 作者曾出版小说《美德的动摇》，书名中的"动摇"，这里译为"意乱情迷"。
② 三宅艳子（1912—1994），日本作家。

但是，问题在于女人心这玩意儿。

男女最麻烦的差异，就是在男人而言，精神和肉体是清晰地意识到而加以区别的；在女人而言，精神和肉体永远是混杂一起的。女性的最高精神也好、最低精神也好，都立足于与肉体不即不离的关系，这一点明显不同于男人的精神。不，什么精神啊肉体啊的区别，只是男人的问题；对于女人而言，那是一回事。所以，对于丈夫的纯肉体出轨，老婆自然是勃然大怒，因为女人只会从女性的立场类推，所以无论丈夫怎么辩解，什么"只是肉体出轨了"，她都只会认为是推卸责任。上面那个魔神宠妃虽说是肉体派的出轨，但从女性的立场来看，就是"心"的出轨。在这里，与男性出轨不同，女性的"意乱情迷"有其重大性。就会有这样的事态：与五百个男人交媾的女子，变成了把心切碎零卖的娼妇；而与五百个女人交媾的男子，仅是一个放荡者而已，他在精神领域可以是一个杰出的、受人尊敬的男士。这种不公平是男女天生的差异，没有办法。

让我们回到最初的话题吧。我的想法是：其实，对女性而言，从与推销员谈笑这种程度的用情不专，到实际与丈夫以外的男人上床的用情不专之间，只有程度差别、量的差别，没有质的差别。这里头之所以看似有质的差别，只不过是无法自圆其说的社会、宗教或文化人为地树立了类似屏风的东西。所以，即便把"意乱情迷"入罪，从何处至何处为有罪、至何处无罪，没有一个真正的标准。制造这样的标准，是宗教的事情；假如是这样，佛教规定女人本身就是罪孽，就更加说得通。

如此说来，我颇像一个反女权主义者，其实不然。因为这里"罪"可以替换为女性"宿命"，只是因为精神和肉体无论如何分不开这种女性特质,暂且称为"罪"。而最为麻烦的是,女性的最高美德也好、最低恶德也好,都出自同一种宿命、同一种罪;同样的根,最终殊途同归。崇高的母性也好,对丈夫献身的美好爱情也好……甚至"意乱情迷"也好,与推销员大声谈笑也好,全都出自同一种宿命形式,这正是女性之所以为女性的地方。

妻子意乱情迷了,这种时候,用那个变态小说家的话说,意味着妻子与其他男人有肉体交涉。理所当然,丈夫知道的话,便烦恼、煎熬、嫉妒了吧。但是女性必须很明白:在嫉妒方面,女人的嫉妒与男人的嫉妒是完全不同的。

女人的嫉妒,出于刚才所说的那种相同的根、那种深刻的宿命形式。但是,男人的嫉妒与之不同,它所具备的社会性质,比当事人意识到的更多。

虚荣心、自尊心、独占欲、男人在社会上的自尊、与男人能力相关的自负……这些东西,全都带有社会的性质,所有这些烦恼归根结底,就形成了男人的嫉妒。男人的嫉妒真正的、最大的限度,不妨断言,就是被伤及体面的愤怒。我这样解释时,恐怕有人要指责我:"你人生经验不足。"但我立马可以回敬:"你缺少自我分析。"

但是,一方面我在写这样的文章,另一方面通俗小说照旧大写人妻的意乱情迷。按那些小说的通常说法:"女人放纵了身体,最后是弱者。"果真是那样吗?难道不是因为女性与身体一道,把与之相当的、数百克的、最大份的心也付出了吗?那连一个接吻也没有的心的出轨,是把多少克的心连同肉眼看不见的、多少克的肉体一道付出了吧?

0的恐惧

某官厅里，一位年轻公务员颇为悠闲，他把从台湾地区进口香蕉的计划抄错了——少抄了一个0。不过，这种错误挺常见，我也当过公务员，曾因为写小说而睡眠不足，就这种状态去上班，不时把6弄成了9、把8弄成了3，挨上司训斥："你的数字靠不住。"尽管如此，官厅这种地方依然"春风骀荡"，总体言之是波澜不惊的仙境。

可这位年轻公务员不走运。这份文件连同错误的数字随着科长、局长、部长层层上送，最终出现在内阁会议上。它是跟其他庞大的统计一起，汇集成电话簿似的厚册子，提交上来的。

另一方面，其他部级的部长中，有至爱香蕉之人。此人的胃与众不同，要吃掉成千上万根香蕉。不过香蕉本身难消化，得换成金钱才下咽……说到这里且住吧。

话说这位部长因为事关自己的食欲，堪称重大，就从那本厚册子统计中，首先看看香蕉的项目。如同棒球部选手在厚厚的校友会杂志中，一心一意只读棒球比赛的几页，寻找错别字。部长立即看出了错误。

"怎么回事？差了一个0。如此荒唐的统计，其他的可想而知。"

他怒不可遏，狠批那位公务员所在部级的部长。

部长回到部里，狠批局长；局长又把科长叫来教训一番；最后，科长回到科里，把那位悠闲自在的年轻公务员痛骂一通。年轻公务员无地自容，好可怜。

只因差了一个0，就引发这样的连锁反应，这就是社会。据说曾有小说家同时给大报和小报写小说连载，某次竟把二者的女主人公名字弄反了，却没听说他被痛骂。所以，所谓小说家，即便在今天也属于世外之人吧。

下面的内容是小说式的虚构，设想假如连锁反应不是返回年轻公务员处，而是朝意外方面迅猛发展，会怎么样呢？

在内阁会议上，香蕉大臣怒吼：

"这是少了一个0吧？"

于是，年轻公务员所在部级的部长就反击：

"您怎么会知道如此详细的数字？"

虽然内阁会议是保密的，但总会从某个途径泄露。香蕉问题上的对答成为新闻记者的话题，最终被反对党所利用，成为香蕉大臣的渎职问题。检察厅出动了，闹上了法庭。最终内阁因为香蕉渎职而倒台。事情要论起始，只是一名公务员漏掉了一个0，而犯这样的错误，是由于他睡眠不足，因为前一天晚上，他与一名酒吧女在新宿一带共度良宵了。

轩然大波中，吧女满不在乎地用大果盘装上熟透的香蕉切片，从柜台往各个包厢送……

这是题为《香蕉》的短篇小说，要是我，不会写这样过时的、以"组织和人"为主题的小说。

——闲话休提。

如此这般的人生，仅仅因为一个小齿轮脱落，就会发生令人瞠目的大事件。战争也好、大事件也好，并非都因为高尚的动机或者思想对立而发生，从一个小小的误差即足够触发。而大思想、大哲学，总的来说，未曾引发多大的事件，便变得陈腐，然后死去。但是，到了后来，历史教师们为了装饰一番历史，把地球上发生的事件，都解释为思想或者哲学的影响。

玛丽·安托瓦内特[①]听见饥民暴动的喧哗，这样问侍从：

"那些人为何这么吵闹？"

侍从回答：因为他们没有面包吃，王后陛下。

于是，玛丽·安托瓦内特可爱地歪着头说：

"为什么呢？没有面包的话，吃点心蛋糕不就行了么？"

这是一个有名的故事。

我认为，这个时候，玛丽·安托瓦内特是天真无邪的，她没有任何意识地遗落了一个0。结果就是那场法国大革命。

命运有时将其重大主题推给微不足道的小事。而我们非要到事后来看，才能明白小小的过失，是否与重大的结果相联系。从中便产生了饱经世事者小心翼翼的人生观。

然而，无论你是小心翼翼过日子，还是胆大包天、蛮不讲理过日子，往往只能产生同样的结果，这倒是有趣的社会现象。小心翼翼的人可因小小过失引起重大事件，而胆大包天者蛮不讲理，也会安然无恙了事。在我们每天犯下的小小"错误"之中，某一些以数

[①] Marie Antoinette（1755—1793），法国国王路易十六的王后，相传生活奢侈，大革命时被送上断头台。

万分之一的比例与命运直接相关。遇上这些东西，就会天昏地暗。但这些东西就如同买彩票、中大奖，所以，几乎不必为之操心。

在人的意志掌控不及之处，发生了小小的错误，后来支配了人及其一生；这种不可思议，与其视之为犯罪、恶行、不道德，其实是更为本质的重大问题。我们有意识的作恶、做坏事，与单纯无意的错误相比，或者可说是有限度的。

当女佣失手打碎茶杯时，我们往往说"你不是故意的，只是犯了错，我原谅你"。人终究不能真正惩罚"错误"。顶多臭骂一通，扇到墙边去。但是，这说明了在这样的考虑背后，人类对于"错误"的畏惧。不妨试想：如果我犯了一个错误，将总理大臣从楼顶推了下来，会怎么样？

所幸的是，人类可视为本身不大犯错的动物。这是人们关系亲密的唯一根据。如果没有这种信念，人与人之间永远是可怕的吧。

没有道德的国家

Y先生是英国人，他在某大学任讲师数十年了；他是在日外国人中的老面孔，的确是一位严谨笃学之士。

Y先生六十七岁了，但精神健旺。不过，说是精神健旺，却不是肥胖企业家那种油光可鉴的形象，而是学者的枯干类型，并无大碍。他太太久病卧床，身体已经不行了。

作为副业，Y先生在自家旁边经营着一家西餐厅，雇了四五名健康朴素、没有脂粉气的少女工作，且住在店里。这些少女除了为餐厅工作，还领取特殊补贴做一件事情——说到这里，你肯定会想偏的。完全没那种事！少女们充满活力，即便老先生想拉拉手，她们也会拒绝，说"讨厌，别那样"。

少女们给老先生做的事，就是每天晚上在寝室陪伴这位入睡难的先生到半夜三点钟左右，她们隔晚轮流。

虽说是陪伴，却没有做任何不合适的事情。少女们会给通晓日语的Y先生说乡下的事情，说从前奶奶讲的老故事。有时她们应Y先生的要求，连续唱五首童谣。在这过程中，Y先生便传出鼻息入睡了。这时，穿白围裙的少女们就可以蹑手蹑脚返回自己寝室。因为翌日早上可以充分补觉，所以不用替她们担心。

在雨夜之类的夜晚，打烊的餐厅人去灯熄，唯有一旁的 Y 先生家寝室亮着灯，映照出少女们的侧影，天真可爱的童谣和着雨声传出来。因为时值凌晨两三点钟，回家的酒鬼之类人等，吃惊地仰望着那些窗户，心想那里该不是住着些女疯子吧？

事关一位外国老人，听来越发凄凉。

为何外国人就显得寂寞凄凉呢？

我待在日本期间，恨死了一个人在外吃饭，最终未曾单独在外吃过饭。但是，去了外国的话，这样子行不通，我不得不独自进餐厅。于是，旁边呈现了热闹的天伦之乐情景：夫妻俩或者一大家子。虽然人家没有在意你这边，你却感觉特别孤独，仿佛双手拿着刀叉寂寞起舞。所以，在银座一带的西餐厅里，和家人或好友快乐进餐之时，突然见一位外国人正襟危坐吃饭的样子，我就会联想起自己的身影，心中涌起一腔同情。

在日本永久居留的外国人相当多。在日本留下杰出业绩的外国人也很多。这里我不打算多加颂扬以 Y 老先生为首的这些外国人杰出的一面，好歹这是不道德教育讲座嘛。

然而，不管是有妻儿还是独身（不算公务或军务在身者），在日外国人的脸上，总有某种空白和寂寥，这是为什么呢？

我说白了吧：日本对他们而言，是无道德地带。

我不知道有多少外国人摆脱了基督教国家的严格道德，来到日本，找到了安居之地。老婆从无到有，进而二三外室，有钱即万事 OK。偷别人太太也 OK。泡人妖也 OK。当然，这种事情在外国也多得是，但是，那是犯法的，是违反神的意思的，要冒被社会摒弃、社会地位顿失的风险。可在日本怎样呢？一切都OK。而且基督的手够不着这儿，自己故乡的旧道德纽带，在此地也无能为力。于是，他们想干啥干啥，忘掉了犯罪的谴责，高枕无忧。就在这期间，他们的脸上刻下了难以言喻的寂寞和空白感。西洋人是多么可怜的人种啊。他们真正是"没道德就活不了"。

那么，日本人会怎样呢？

日本人有所谓日本社会的规矩，拥有与在日外国人几乎相同程度的行动自由，能够做种种坏事，而不为道德观所困扰。而且日本人不如西洋人有体力，即便是做坏事，也只能适可而止，即体力代替了道德的作用。还有，日本人无论干了多少坏事，都能悠然明朗、快快乐乐过日子，而不像西洋人的脸上，挂着空白感和寂寥。这是由于日本人从一开头就没有基督教上帝那样严格、摆谱、好妒忌、找人麻烦，没有老处女禀性的神，不曾被这样的神附体。也就是说，日本人没有那种极复杂的变态心理：一头在干坏事，另一头又思念惩罚自己的神。

诸位，生于耶稣基督国度的幸福实在伟大，无可比拟。而生在幸福的日本，却心向上帝，岂不有点儿白痴么？

前不久，我为了做一个调查，去见一位被狐狸精迷住的老奶奶。我报称是锅炉厂的年轻厂主，因为工厂不景气，快撑不住了，前来祈求神谕。

在稻荷大明神的神前，供着剥制的黄鼠狼等有寓意的东西，老奶奶在其中举起神币，身体一阵颤抖，回头猛盯着跪拜的我，说道：

"施主，吾乃汝国之产土神。汝等于无节制之奢侈、无节制之口腹之欲、无节制之淫欲、无节制之放荡之后，携此面目来见神么？"

我被当头狠批一通。然后是长长的讲解，说是洗心革面则工厂就有救了，然后，我后背被猛击一下，神谕结束。

我张口结舌，如同被狐狸精迷住了。到我要告辞时，老奶奶递给我一个通红的苹果，说了声"这是吉祥之物"。

得了这个红苹果，我很愉快；在回程的出租车里，我打量着神赐的苹果，心里头跑野马：在外国，是蛇诱惑人去吃苹果，但在日本，狐神却给我苹果。

但是，这苹果吃起来似乎没有亚当的苹果那种可怕的效力。这个苹果吃起来可口，然后把它排泄掉，第二天就丢在脑后。

身后说坏话

龚古尔①在一八六三年九月二十七日的日记里，记述了大批评家圣伯夫在晚餐会上，放言谈论前一周去世的作家维尼②的情景：

圣伯夫向他的墓穴投下了轶事的花束，但那是下文这样的东西。

听着圣伯夫关于死者的唠叨，我仿佛看见蚂蚁正在啃食遗体。他在十分钟时间里，就剥光了名誉的衣裳，让这位著名绅士只剩下一具骸骨。

"……且不论别的，维尼这人是一个天使。天使般的男人！在他家里，一次也没有见过牛排。为了去吃晚饭，七点钟向他告辞，他却说：'您说什么！您要走吗？'没有一件事情他是面对现实理解的。对他来说，不存在现实这回事……他使用了极具威严的话语。他在学会演讲，说完要退下时，朋友对他说，你的演讲长了些，他大声说：'可我不累！'"

大批评家圣伯夫，他的悼词就是一堆无所顾忌的坏话。

在日本，小林秀雄③也曾说过这样的意思："活着的人全都没个人样，死去的人才一副人样。"此乃至理名言。人唯有死了，其一生的言行才有了命运的样子，所以我们从死亡反推到过去，才能将此人全面地加以评论。

然而，在社会现实中很难这样做。人活着时骂得凶，人一死就变成"没有人比他更伟大"。更有甚者，即便是活着，在任时被百般诋毁，一卸任便受到赞扬。吉田茂就是最好的例子。

我之所以提及这些，也就因为看到步履蹒跚、被视为病人的鸠山前首相一去世，就成了"无可替代的栋梁之材"，不但执政党，就连反对党的委员长，都众口一词颂扬起来，我甚觉诧异。要是鸠山先生苏醒了，颤颤巍巍走出来，又想当总理大臣了，社会上还会颂扬他是"无可替代的栋梁之材"么？

如此奇怪的现象，前几年在美国也发生过。讨人嫌的国务卿杜勒斯因癌症一病不起，立即成为不世出的大英雄，就连一直以来的反杜勒斯派也唠叨"还是不能没有杜勒斯"。假如真是那样，不知他们为何曾那么说他的坏话。

对手还硬朗时，带着嫉妒恶言不断。当对手或去职或罹患癌症或去世时，就放心了，对变得乖乖的对手不好意思再加谴责，就想"给一句赞扬吧"。赞扬对方，可以向世间显示自己宽大为怀，可以提升自己的形象。对方已经死了，赞扬一下也没有损失……这是一种普遍的心理。人们竞相赞扬死者，就像比赛谁在丧礼上送的花圈

---

① 指法国作家龚古尔兄弟：Edmond de Goncourt（1822—1896）、Jules de Goncourt（1830—1870），他们身后成立的学会设龚古尔文学奖。
② Alfred de Vigny（1797—1863），法国浪漫主义诗人。
③ 小林秀雄（1902—1983），日本作家、文艺评论家。

大一样。

而且,鞭尸般的痛斥,不但显得自己渺小,而且无论是多么正当的批评,都可能被误解为心胸狭窄、延续个人恩怨。假如对方健在,那些带着个人爱憎、嫉妒和怨恨的坏话,听起来也属于公愤,但对方一旦挂了,就连公愤听来也像私愤了。因这种事情受伤害确实无谓,所以还是赞扬一番较为安全。

然而,一个人夸开了,就引发集体妄想似的现象,一拥而上;在这个过程中,去世的人真的看似"伟人中的伟人""神一样的英雄"了。由此可知,人的心理多么不可思议。

令人"受不了"的缺点,一般发生在那人活着之时。受不了的口臭之人,也是一死即了。大体所谓活着之人,都有些地方令人受不了。人一死,任谁均可被美化。也就是说,能够忍受了。这是关于生存竞争的、冷酷的生物法则;而真正的批评家,不受这种美化作用蒙蔽。

这样的情况,并不仅限于鸠山或杜勒斯这样一国宰相级别的人物,在我们身边也常见。

在公司里,大家都讨厌的上司去世时,部下一边心里叫好,一边满脸悲痛地臂缠黑纱,帮忙料理后事,然后下班时与同事泡一下酒馆,悄悄说些逝者的坏话。

"那个刻薄的老家伙终于上西天啦。唉,我们也实在被折磨苦了。"

"真没见过这么一无是处的家伙。吝啬、冷漠又胆小,逞强、粗暴、好色、阴险、难说话……公司的气氛以后会变好啦。"

二人叽叽喳喳,把缺德事全安在逝者头上。于是二人心情大好,酒兴大发。

然而过了十天，如果二人中的一个找个朋友再聊同样话题，会怎么样呢？

"算了吧，扯不清的。含含糊糊对付就算了。聊那种事情不开心啦。"

人家肯定一推了之。

一个月过去、一年过去，仍对逝者持恶感者，会被同事们不知不觉敬而远之。

我们都希望尽快忘记逝者。逝者越是令人讨厌，人们越想早点儿把他忘掉。为此唯有赞扬。所以，对逝者的赞扬里面，有某些冷酷的、非人性的东西。而针对逝者的坏话，则相反是非常人性的。因为坏话把对逝者的回忆，永远地在活人中间加温加热了。

所以，假如我死了，我想灵魂飞到我的敌手们聚饮的酒席去，听听他们的对话。

"大快人心啊，那个死不要脸、装模作样的家伙不在啦，就连空气都清爽了。"

"真的哩，那傻瓜蛋就会欺世盗名。"

"他除了笨，还撒谎。跟他说上五分钟，我就要作呕。"

已是一缕幽魂的我，会轻抚说话人的脑袋。无论如何，我死后仍想听听我硬朗时说我的话，因为这些才是人话。

向往电影圈

对电影圈的憧憬,乡下较城市更甚。

较之大城市,小地方更加向往电影圈。推动这种人气的,电影自身固然是,而像《明星》《平凡》这样的杂志也有很大威力。杂志上,俊男美女如云,摆出所谓"好莱坞微笑"的痴呆型微笑(关于这一点,有文豪说,好莱坞电影演员微笑的嘴,呈现排列整齐的人工齿列,令人想起厕所的瓷砖),显示出青春激荡的样子。另外,有种叫做"恋爱座谈会"的玩意,讨论关于理想的女性或男性,本是极单纯的,却不着边际地玩弄辞藻,让年轻读者仿佛游历梦幻国度。有一次,我在某杂志的"恋爱座谈会"专栏读到电影的新男演员和新女演员的对谈:

"我还是处男呢。"

"哟,我也没试过那种大人的恋爱。远远地对异性的向往,我倒是稍稍知道一点。"

我看到当中的这么一节,不禁噗地笑出声来。因为我知道,此二人在一个月前,还像一对夫妻似的同居,后来吵翻分手了。

偶尔撒个谎也挺开心,但是,因职业关系必须一年到头撒谎,加上那些谎言并不是有自己个性的谎言，不得不为众多的追星族提供平庸的谎言，稍有头脑的人都无法持续下去。要不是相当白痴的人，会得神经病。

从小地方看电影圈，确实是乐园，像宣传的那样，是"梦工场"。谎言远看挺美的。谎言越像真的，看起来越美，这是谎言的法则。在现实世界里，真实的事情实际上不美，这是通例。所以，如果有看似真且很美的事，不妨认定是谎言。如此简单的原理很难为人理解、接受，不直接触碰现实的丑陋，就不明白真实是什么。电影圈遵循这种一般人心理，隐藏起丑陋的内里，不断散布辉煌耀眼的谎言。

诺曼·梅勒[①]的小说《鹿苑》，是暴露好莱坞丑陋的作品。小说写电影公司为了掩盖某男影星的丑闻，下令某女演员与他结婚，女演员恬不知耻地宣称："其实我今天早上跟别的男人结婚了。"公司头头闻言昏厥，实在有趣。

在维达尔的[②]《城市与梁柱》里，也描写了好莱坞周边的酒店里，一些年轻人怀着明星梦，在酒店当行李员的生态，颇为搞笑。他们一心一意寻觅机会，在网球场、游泳池边出没，接近明星或制片人。恰成对照的另一面，是详细描写大明星凄凉孤独的日常生活。

不仅小说，也有暴露电影圈自身冷酷无情的电影佳作，像《日落大道》等。

但是，这样接二连三地揭露，依然奈何不了人们对电影圈的向往，由此也可见这个世界难以言表的妙处。

---

① Norman Mailer（1923—2007），美国作家。
② Eugene Luther Gore Vidal（1925—2012），美国作家。

不必说报刊杂志的爆料,只要逛逛银座,在各处酒吧或咖啡馆,就会遇上许多"新人"的身影。既有聚集了"新人"女侍应的咖啡馆,也有"新人"出身的老板娘。之中也有堕落至最底层的"新人"。

男人也是。从小地方来到京城,乡亲们列队相送,期待他一举成名。但是数年过去,仍没有走红的苗头,只作为龙套隐约现身,连一句台词也没有。好多人想回家乡回不得,一事无成。

电影人不到前一天傍晚,不知道第二天有没有活儿。第二天过来现场,也可能直至黄昏日落都没有任何事情可做。干等也是工作,其间书也读不成,工作完成之后疲惫不堪,除了喝酒、打麻将、泡女人,无心做任何事情。与外部社会的联系完全断绝,只由摄影棚中的特殊人种组成。这一点无论是明星还是跑龙套的,都一样。而明星在此之上,要加上媒体的拷问。有些跑龙套的人等啊等,在绝望中耗尽了青春。否则就是一种囚犯老大似的存在,只在摄影棚耍耍家长式的威风。

这些已经不劳我唠叨了,是社会周知的事实。但人们出于侥幸心理,认为空袭肯定炸不中自己,买彩票则唯有自己中,自以为是的青年男女络绎不绝,总认为"且不管别人,唯有自己幸运成为明星,过上令人羡慕的幸福生活"。内情秘闻悲惨,倒更加鼓舞了这些人。

不过,我转而觉得,在这样"冷酷"的电影圈,也有好的地方。

电影圈是"梦的法院",而不是"梦工场"。惩罚青年男女缥缈的梦想,没有比这个更具效果的了。比起父母兄弟千言万语的叮嘱、郁闷的教训,让青年男女深入骨髓地体会社会冷酷法则的地方——

没有比电影圈更妙之处。这里是"惩罚梦想的大法庭",是严峻的法院,不断地教导青年人不得怀有肤浅的明星梦。但是,可叹的是,众多的青年男女在这个法庭上,梦想遭惩处后,变成了破罐破摔,认定人生没有理想可言了。然而,人生却可以有大梦想,只是电影圈没有而已。

曾几何时,军队也是"惩罚青年人梦想"之处。一个轻飘飘的青年来到军队之后,就变得踏实了。现如今,已经没有惩罚青年人梦想的地方了,于是电影圈取而代之,起到了由志愿兵组成的军队的作用。

我不是主张重整军备的人,但我坚持认为,华而不实的青春梦,应经受一次严酷考验。惩罚青春梦的东西,社会大众似乎公认是艰苦的生活方式,于是乎,青年人开始一心去赌中彩似的美梦、千里挑一的侥幸。真正的人生梦想,只有在这种东西焦头烂额之后才能萌芽。在一般社会舆论伪善地吹捧、奉承青春梦之时,唯有电影圈这么个地方毫不留情地屠戮青春之梦,或可说是最为诚实的地方了。

以吝啬为信条

据说有"日本吝啬协会"这回事，其会员不是被称为"小气包"，而是"吝啬鬼"。但该协会仅有会长和副会长，一直发展不到会员。由此看来，现今似乎还是老江户"身上不留隔夜钱"的风气呢。就算是那些老江户，也爱听各地人的吝啬故事，"吝啬鬼的故事"最近也颇流行。

大体上，吝啬、小气似乎是有钱人的通病。即便在战前的学习院[①]，花钱豪爽、爱请客的，肯定是穷华族的孩子。当时班会费是一元或一元五十钱，那些催促无数次都不交、几个月后才磨磨蹭蹭拿来的，绝对是正宗大财阀的孩子。大家都称那些小子为"犹太人"，但他们从不在乎。

有钱人不论多吝啬，都不用担心人家说"他是不得已""穷才这样子"。所以，可以堂堂正正地吝啬。

我以前有个朋友也算有钱，是银座的商店老板。此人的吝啬是有名的，不管在哪里，吃喝都是平摊。大致上他一年一次请客吃饭，那次他请我吃了所谓的"豪华关东煮"，无非就是竹轮（鱼糕筒）、豆腐丸子之类。

物以类聚、人以群分吧,他的朋友也都是小气包。一伙不逊于人的小财主中年绅士,泡妞时,铁定是咖啡馆里一杯咖啡坐到底。在进餐时间,女孩子就一杯咖啡侃两个小时,饿得头晕眼花几乎昏倒,这时这位绅士有所醒悟:

"哎呀,你饿了吧?是我不好,请等一下。"

他让女孩子等着,自己离开了咖啡馆。不一会儿,他笑容满面回来了,手里拎着个小纸袋。

"吃这个吧。"

他从纸袋里拿出带馅面包,说道。我补充这一句似乎多余:他的意思是,咖啡馆里的三明治太贵,点它可就傻了。

我还有一位中年绅士朋友,唯一的大学生侄子来拜年,他难得心情好,嘘寒问暖起来:

"从老家寄钱来吗?"

"是,寄钱过来。"

"有多少?"

"五千元。"

"是吗?这么点钱挺紧的呀。"

大学生听这么说,预感难得地会得到零花钱了吧?就先摆出一副可怜相。

"实在是很紧,都有点儿影响学习了。"

"对呀。嗯,你烟酒还是离不了吧?"

"是。好歹还维持。"

---

① 1847年创立于京都的学校,负责皇族、华族子弟的教育,后迁至东京,1947年改为私立学校。

"是吗？那可太不容易了。是大问题啊。好吧，让老叔传授一个高招给你吧：从明天起，你试试戒烟怎么样？"

吝啬鬼的故事，说起来真是没完没了。想想看，我身边还挺多小气包的。也并非都是富人小气，即便没有钱，却毅然恪守吝啬之道的，也有不少人。这种人信念坚定，吝啬杰出，大可放心与之交往，在这种人里面，大体上没有动辄对人说"借钱给我"的没规矩之辈。法国人坚守个人主义的堡垒，绝不关照别人，也不受别人关照，理所当然是世界闻名的吝啬鬼。永井荷风先生是日本首屈一指的法式吝啬鬼。时髦不达至这种地步，不算正宗。即使唱香颂（法国大众歌曲）、戴贝雷帽，但只要还是"不留隔夜钱"的穷酸样，就说不上是地道法国粉。

吝啬还需脱俗。吃了别人的马上就想着回请，那是不行的。没事请客的家伙，是可怜的、虚荣心强之辈，他既以请客吃饭为乐，我吃起来自然无须客气，不必感恩戴德。

总的说来，"礼尚往来"这种日本精神，助长了日本公务员的堕落。收受金钱、物品，也不想想后果很惨：自己工资低、不可能礼尚往来，须敷衍公务给对方好处。为此，竟然礼照收，但不给办事了之。人家主动给的，自己只是收下了而已。自古有云：贪得无厌。

日本人出国旅行，爱滥付大额小费，在酒店、餐厅成了笑柄。这明显是人种自卑感的表现，似乎因为自己鼻梁不够高，过于担心自己遭到轻蔑，于是暗示"请给予和高鼻梁西洋人同样的待遇吧"，傻乎乎地砸小费。不管你砸多少小费，矮鼻梁也高不了。既然如此，干脆人家高鼻梁付二十五美分的话，咱按照鼻梁高度，就十五美分搞定——怎么就不能有这种精神呢？

库斯勒[①]曾大闹日本笔会——这个组织曾被叫做"政治团体"，在京都精彩地发挥了西洋人的吝啬精神。在酒吧里，他私下估算了自己的酒钱，但实际收到的账单高出数倍。他觉得自己没劝酒，女招待大喝一通的部分也要他出，毫无道理。他向警察诉苦，多番商议之后，以库斯勒先生只付其认可的金额了事。

我读了这样的新闻报道，在心里头喊声"快哉"！走遍全世界，没有比这种酒吧更不合理的了：把没有明细表、仅仅正经写有￥8 520 的纸头丢给你，你就只能交上一万元，说声"不用找了"，扬长而去。

在法国餐馆，绅士模样的人餐后喊声"结账"，然后戴上眼镜，花上好几分钟，查看详细绵密的结账单。当他发现有错时，他那欢喜的样子、滔滔不绝的申诉，实在是一道风景。

我小时候，无论在家还是在校，都被不厌其烦地教育要勤俭节约，被训诫"你用的是巴伐利亚牌铅笔，可人家皇太子殿下才用鹰牌"。最终我实在讨厌"勤俭节约"这个道德化的词儿。所谓武士道德的"勤俭节约"，是说当主君面临破产局面时，家臣须倾私财奉献主君，"勤俭节约"是为了这个目的。最终而言，这是为了他人的吝啬，没有意义。比起勤俭节约，吝啬更加现代，是幽默的，彻头彻尾为自己的；是"不劳烦别人"的自主独立精神的体现。

[①] Arthur Koestler（1905—1983），匈牙利裔英国作家。

广告词姑娘

据说近来流行"广告词姑娘""广告词小伙"这回事。

某次做电台节目,与我同席的漂亮姑娘就是个好例子。我问她:

"你喜欢怎样的音乐?"

她爽快地答道:

"这个呀,我喜欢的是那种都市氛围、现代氛围的音乐吧。是充满忧愁和厌倦的、爵士乐的缓慢组曲。"

这种例子多得是,例如问某小伙子对电影的评价:

"你觉得那部电影怎么样?我听说年轻人评价不错。"

"是啊。它一面剖开战争血淋淋的伤痕,一面奇异地描绘出年轻一代的苦恼,有K导演的独特艺术风格——怎么说呢,总而言之,我觉得是本年度上半年的前五名之一吧。"

我又问别的年轻人:

"M的小说怎么样?"

回答是:

"太佩服啦。他不仅一反拘泥于十九世纪唯美主义、视野受局限的现实主义,不满足于产出纯装饰性的现实主义的仿制品,试图开拓真正的现实主义之路，那部《金阁寺》就是这样的作品。"

你问"日本"，他答"世界文化的流浪聚集地"；你说"Calpis"①，他就答"初恋的味道"。

福楼拜的时代似乎也有这样的情况，他编制了"每月流行词典"。

但是，虽说年轻人说话不离广告词，也并非整天都这样。他们只是在公开场合或者难得地出席电台、杂志座谈时，总之是要装模作样表达意见时，才张口就是广告词。这样做挺可悲的。

当然，广告词也有从最好到最坏之分。高级的文学、哲学性广告词里面，也有"组织与人"之类的东西，被问及对小说的感想时，不妨说"那书是描述组织与人的，刻画了当下的状况"。

这个社会并不要求每一个人的意见都有个性。只要说了似曾见过、似曾读过的东西，就能蒙混过关。像这阵子，报刊杂志增加了，有所谓话题过多症，这时即便说出自己的思考或玩笑话，也会凭空受冤枉：

"你别蒙我啦，跟这一样的说法，上周某某周刊已经登出来了。"

但是，年轻人说话不离广告词的语言特征，不仅在于一律是似曾相识的见解，还有作为日常话语别扭这一点。例如本节开头的"都市氛围、现代氛围""充满忧愁和厌倦"之类的说法，用作口语的话，只能是相声里的"餐厅女侍""老母亲"的腔调。这种话不是出自秃头相声演员之口，而是妙龄美女一本正经道来，实在太别扭了。令人怀疑这位女子的头脑和声带里头，被赞助商塞进了一个录音机吧？

---

① 日本于1919年推出的乳酸菌饮料，商标名，中文译作"可尔必思"。

另外，小伙子满口广告词，诸如"一反拘泥于十九世纪唯美主义、视野受局限的现实主义"云云，若是面对面这样说话，实在不可思议，是话不成句的非口语体。

像这样，我注意到有些爱装腔作势的年轻人，常说一些"似曾相识"的见解。这种话完全是书面语腔，听起来像是烂片的台词。在随口编的剧本里，电视广告似的肉麻台词层出不穷。电影里常有恋人漫步海滩的镜头，当我听男演员照背那些陈词滥调"这片沙滩因为美丽恋人分手的眼泪和激情相爱的传说而闻名"，我甚至同情那位演员了。"广告词姑娘"和"广告词小伙"的装腔作势，正跟这种说法一模一样。

这样子不是人在说话，是人被现成的话说了。这一种灵媒似的存在，大众传媒的神谕，就通过人的口，滔滔不绝传开去。

不仅看法见解不是自己的，连感情也被取代了。所以，如果满口广告词的"广告词姑娘"和"广告词小伙"也能在咖啡馆谈恋爱，那么干脆直接进旅馆开房算了。像现在的租车兜风一样，也可以借用他人的感情，完全不带本人感觉、见解地来一次恋爱。到这样，就像木偶戏的木偶谈恋爱，成了怪谈。

但是，我对时下并不绝望。

"广告词小伙""广告词姑娘"并不单纯是个表面现象，对他们自身而言，那只是一时性的、只在别人面前装装而已。我认为，他们只是弄错了装的方法，隐没了好个性，表露出不好的、平平的一面吧。

在不必客套的伙伴中间，他们肯定有才华得多。肯定更具个性，对话也生动活泼。只可惜，他们以为头头是道比机智高级很多，但让我说的话，比起一知半解的"见解"，天生的"机智"作为人生智慧，是重要得多的东西。大众传媒最为渴求的，是这种天生的机智。

这里我又要请我的朋友、鱼河岸的飞哥出场了。他是个小个子，但颇有气场，自命硬汉（tough guy），以为与伯特·兰卡斯特[①]一模一样。朋友取笑他道：

"缩小版兰卡斯特啊？"

他昂昂然答道：

"胡扯，是伯特·兰卡斯特坐着嘛。"

我所谓的"天生的机智"，就是指这样的反应。这才是跟广告词正好相反的东西。

[①] Burt Lancaster（1913—1994），美国电影演员，以饰演外表刚强、内心细腻的角色闻名。

批评和诽谤

今天换一下花样，来点文学性吧。总归不离"不道德"的话题。中村光夫[①]写了一篇有趣的随笔，题目是《坏话》。

"说别人坏话时，大多是对那对象持有恶意。但是，批评家即便是讲坏话，往往对其对象并没有——准确地说，是不可持有恶意。正因为这样，他的坏话是客观的，通用于社会。"

中村先生还说：

"我迄今一次都没有带着恶意说别人的坏话。我甚至觉得，相反地，我不曾把某些方面无法佩服的人作为吵架对手，所以，我迄今的选择都没有错。"

他一面这样说，一面在这篇随笔的后面部分，对中村真一郎[②]的小说罗列诸多冷酷无情的坏话。读毕此文，前半部分关于讲坏话的论述与后半部分讲坏话的样本的有利组合，让我大感快意、忍俊不禁。中村光夫先生，是我最为尊敬的朋友，又是一个厉害角色。

这篇随想体现了作者长于逻辑的旧武士性格，大凡知其人者，不会质疑文中内容吧。但我批评别人的作品时，实在无法处于他这样的心境。我要说某人的坏话了，那就是市井式骂街，有时带着情绪；而当别人说我坏话时，我就一边替自己辩护，一边疑神疑鬼：

"噢，并不是我的作品真的不好，提出批评的家伙是别有用心吧。"

于是我就想，中村先生明确区别社会一般的讲坏话和批评家讲坏话的不同，从而确立批评家的伦理，这一点我理解；但在我这样时而挨批、时而批别人的暧昧之人看来，这方面挺不爽快的，我最终还是想问：社会一般的讲坏话和批评家讲坏话，究竟哪儿不同？我觉得，即便是在社会上，也有某些不含恶意、消遣性的坏话，例如像说"坏话比鳗鱼饭美味"；而即便是批评家，绝对会有包含恶意的坏话。一个例子是圣伯夫这种好妒忌的批评家，他对同时代所有大作家都有醋意。在《当代人物肖像》第二卷里，他对巴尔扎克的指责，出自很像朴素赞赏的笔调，与人为善的巴尔扎克开始还满心欢喜。据说后来在一再重复的赞词之中，巴尔扎克终于察觉了他背后的恶意，怒吼道：

"等着瞧，我用笔在那家伙身上戳几个洞！"

与圣伯夫的阴险做法相比，中村光夫先生的坏话可谓堂堂正正，没有丝毫卑劣之处。但人各有不同，即便同为批评家，既有圣伯夫式的人物，也有中村光夫式的人物。所以，不能一概言之，说批评家的坏话没有恶意。

人的好恶，一般先受外表影响，无论多么想就作品论作品，既然同处东京一地，即使不情愿，山水有相逢吧。就算是从未谋面的人，往往也通过照片熟悉了。这么一来，某小说作者蓄小胡子，这

---

① 中村光夫（1911—1988），日本文学批评家、剧作家、小说家。
② 中村真一郎（1918—1997），日本诗人、小说家。

情况不想知也知道了。于是，当谈他的小说，例如极普通的这么一行字：

"他为女子柔软甜蜜、如蔷薇般的乳房所陶醉……"

且不论这写法在文学上的好坏，仅仅是琢磨"那个小胡子写这玩意啊"，心情便糟了，这是有可能的。

进一步严密地说，作家样貌与作品之间，论者在某些方面是把二者奇妙地相联系的，往往联系方式并不寻常，而一旦联系起来了，直至最后，无论怎么弄，都不能脱离出评论者的印象。

就以小胡子作家的例子，评论者对他的小胡子与"蔷薇般的乳房"的表达，突如磁石般相吸了，开头觉得"蓄小胡子，还写这么腻的文字"，到后来，就认准了"就因为他蓄小胡子，才写得那么腻"了。

人是很奇妙的，外表与性情丝毫不差的人极其稀有。外表与内涵之间多少有分歧，是一般情况。讲坏话、提出批评就对着这些地方来，艺术作品更被极端地放大这些地方，于是就越发容易被针对了。所谓作品，并不仅仅是小说、绘画、音乐，也可以把人本身视为作品。社会上也有这样的人，即便为人任性、一身毛病，却让人无可奈何，其外表与性情完全一致、无可挑剔，无从入手，且一辈子贯彻。这种人的一生，堪比艺术杰作了。对这样的情况，说什么坏话都是多余的。

坏话的目标（即便讲坏话的人自己都没有意识到），必有某种不和谐。外表与内涵之间的不和谐、思想与文体之间的不和谐、社会与自我之间的不和谐、作品意图与结果之间的不和谐。而不和谐这一点，必可作为漫画的材料，坏话和取笑关系密切。当然，就取笑而言，既有弱小老鼠打趣强大的猫的笑，也有强大的猫取笑弱小老鼠的笑……假定这里有位男子走过，他特地把领带系在脖子后头，领带垂在后背，众人见状大笑。

"看那傻小子！"

"不，是个可怜的乡巴佬，连领带都不会打呢。"

这是世间第一天真无邪的坏话，几乎全无恶意，只为博得一笑。

"不，也许不是不懂打领带，而是做愤世嫉俗状嘲笑社会吧。所谓的'博出位'嘛。不过，这反抗精神也太浅薄了吧。"这是位列第二的坏话。首先理解了意图，其次取笑其实现意图的方法，予以批评，含有些许恶意。

"实在不喜欢那小子庸俗的推销态度，那张脸好讨厌，令人作呕。那种家伙早死早好。"

这是第三位的坏话。到这个地步，就全是恶意了，没有一丝笑容可言。

像这样，对于所有的分歧，人们首先以笑容回应，其次以批评针对，再次以恶意对抗。批评跨越取笑和恶意二者，也就是说，有余地充分回味、理解分歧的性质。另外，也是分析自己的笑和恶意，充满了"出自恶意的亲切"。

那么，假如反系领带的男子走在精神病院里……那就什么分歧都没有，也就是说，既无笑容，也不成为讲坏话或批评的对象了。

傻瓜死定了

常听人说,傻瓜没药可治。傻瓜也有程度轻重之分,像"大智若愚"所显示的,也有很厉害的傻瓜,是处于聪明人和傻瓜交界处的,甚至还有神乎其神的白痴,虽然并不是说陀思妥耶夫斯基的小说。

但是,我要在这里说的,并非那种天才白痴。

傻瓜这种病的麻烦之处,是看似与人的智力相关,但难以一概而论。无论是大学里多厉害的最佳毕业生,天生傻瓜就是傻瓜,且无药可治。那种读书天才的傻瓜,是最难对付的疾病,而且社会上并不鲜见。傻瓜有一好,在于其可爱,而读书天才的傻瓜没有可爱之处。

接下来说说白痴症的种种表现:

(一) 读书天才型傻瓜

无一例外喜欢玩弄进步言辞,多愁善感地爱着自己读书的大学,能言善辩。在不必使用洋文时使用洋文。一般戴眼镜,并发暴力恐惧症。不时歇斯底里说些、做些强硬的事情,另一方面运动神经为零。红茶匙老是掉在地上。谄媚尊长,嫉妒同事,没有幽默感。既把他人的玩笑当真而生气，自己说的笑话又成了唐突失礼的发言。不好好刷牙，不认真剪指甲，怎么也不明白自己为何讨人嫌。

(二) 谦逊型傻瓜

以为事事低调，即可获得最后胜利，未免小看了这个社会。开口闭口"我很差劲""我这种人"，谦逊的背后掩饰不住俗不可耐的自负。嫉妒心重，一肚子冤屈，因易嫉妒而盯上别人的长处，出于被害妄想而夸赞，事后又后悔自责，越发谦逊，磨砺复仇之刃。走路必走边上。事情不好笑却总是面带笑容。对自己太太作威作福。

(三) 人道主义型傻瓜

自以为是善意的洒水车，即便是雨后也满大街洒水。受非议也绝不反省。为人道主义感叹流泪，因死刑太可怕而反对死刑。爱做噩梦，梦见人面兽心的幻影，夜晚不敢独自上厕所。念佛般唠叨"人啊人"。无比要强，也无比胆小。有思想准备随时被钉上十字架，却因为手指头擦伤出血而晕倒。

(四) 自大型傻瓜

凡人皆自恋，此类人则公开宣称自恋。或大言不惭"乃公不出，其如苍生何"，或大吹三个小时自己如何立大志。或连自己是否长得马马虎虎都分辨不了，就一本正经地说"像我这么帅的人"，令人瞠目。或年过五旬仍不忘为自己毕业的母校而自豪；或从早到晚吹嘘业余爱好，以为较之本职工作天真烂漫……这类人有多种。

（五）小丑型傻瓜

并非长得特别，却总是硬充滑稽角色。因为没勇气泡妞，特地在女人跟前扮演小丑。出于一种媚态，非让自己成为他人嘲笑的对象不可，总是自黑受之于父母的长相，故意出洋相，故意从自行车摔下来。一再坦白自己的糗事，心底里深信别人都是大笨蛋。

（六）嗜药型傻瓜

每天早上都要咽下一把维生素片、护肝片、荷尔蒙片，通读早上报纸的药品广告。即便在通勤电车里，也盯着新药广告看。路过药店，则如饥饿的流浪儿童在鳗鱼饭店前，挪不开步子，非把鼻子顶在橱窗上不可。午餐后咽下肠胃药，下午三点服用头痛药，晚饭后吞下钙片。中间试服了肾脏药，虽然肾没有毛病。甚至心脏病药、高血压药也尝试。头上、胸前、手腕等挂着种种流行的保健带子，像个霹雳摇滚女孩……最终是"药石无效"，呜呼哀哉。

像这样罗列的话，傻瓜的种类没完没了。

人类与傻瓜是剪不断、理还乱的关系，这种病和人类历史同样悠久，就算是极聪明之人，没有人是体内不带傻瓜病菌的。所以，极端地说"人类都是傻瓜"就是为此，这话有其合理之处。聪明人与傻瓜的分界，似乎在于病得巧还是病得笨、是否有极微妙的抑制神经。傻瓜症既会明显好转，也会明显恶化。然而，与文明进化一道，傻瓜病菌也越发增加新种类。我们只要想一下就能列出这些：

电视傻瓜

报刊杂志傻瓜

南极犬傻瓜

模仿傻瓜

诸如此类，无法胜数。

我是何种傻瓜，公开也完全没关系，但那么一来会落得个"小丑型傻瓜"的下场，挺无聊的，还是算了吧。其实，我一向觉得自己机灵，仅凭这一点，聪明的读者诸君马上明白我属于何种傻瓜了吧。而且我不大得病。不，我绝不是"谦逊型傻瓜"，可以这么说。

假如说机灵也是人生的陷阱，那么傻瓜也是人生的陷阱。像这样把人贴上标签，应是徒劳无功的吧。自以为机灵，却落入傻瓜的陷阱；自以为傻瓜，却落入了机灵的陷阱。没完没了来回兜圈子，大概就是人生了吧。

前些年为了看皇太子大婚的游行，大家沿途排队等候，电视台的节目主持人问前排的一位大叔：

"您几点开始在这里等候的？"

"噢，从早上九点半吧。"

"呵呵，那可是重体力劳动了呀。看电视轻松多了吧？"

"我讨厌电视。"（一阵沉默）

"那，太太也来了吗？"

"我让她在家看门。"

"那，是在家里看电视啦？"

"我不是说了我讨厌电视么？"

"呵呵,您为什么讨厌电视呢?"

"因为还是自己眼见为实好。"

"(讽刺地)那您等会儿就把自己眼见为实的事情,回家告诉太太哦?"

"……哦,说不说无所谓。"

我在电视上看到这一段,感佩这位大叔真是个聪明人啊。

不告白

尼采在《查拉图斯特拉如是说》中这样说道：

"告白自己一切的人，必招致他人恼怒。对裸体应予相当慎重，是的，各位若是诸神，才可为你们的衣服感到羞耻。"

这是很值得玩味的话。尼采说，因为我们不是上帝，所以没有资格羞愧于自己的衣服。所谓衣服，是体面，是体统，有时是虚伪、伪善，是社会要求的一切。

我最烦有告白癖好的朋友。

他们说起被人爱慕、被人甩的故事，真是滔滔不绝。

"她说呀，我耳朵的形状特别好哩。说看着我的耳朵，渐渐就来感觉了。"

我听某人诸如此类的话，只好心里头想：那也是。没处可夸都要绝望了，好歹抛出耳朵论吧。或者，莫非那姑娘是耳鼻喉科医生的女儿？

正琢磨呢，过了一个星期，他来控诉姑娘不诚实，并且声称要同归于尽：

"那女的确实跟 N 去了温泉，证据确凿。啊啊，我想杀了她然后自杀！"

我随口冒出一句：

"可那女孩子不像会那样子呀。"

他马上急转弯，说：

"对吧？你也这么想吧？我也这么觉得。也许所谓的证据，就是有人故意捏造，要破坏我们之间的关系。"

就这样的男人，总是把自己的恋人呀家人呀夸个没完。

"昨天我姐探亲回来了，难得一起聊天，我真觉得她是个好人。没有比她心地更好的人了。"

这样的说法实在无聊。还有，说什么自己的妈妈四十年前是公认的美女之类，也没意思。

我认识一个人，他以自己伯父的名车而十分自豪。也许庞蒂亚克是好车子，但连伯父的车子都引以为豪，也大可不必吧。

有人借醉酒开始痛陈家世：

"我的命不好啊！不瞒你，我是个私生子。私生子！私生子！多么黑暗可怕的名称啊！即便是在看电影，只要冒出私生子这个词，我就面红耳赤，悄悄离座逃出电影院。

"这样的我，等待着一个莫名可怕的未来来临。老爸跟一个艺伎生下我之后，就去了满洲，得了梅毒，回来之后传染给自己的正妻，之后生下的孩子都是先天性梅毒。正妻后来在精神病院发疯而死。这些都是广为人知的，但其实我怀疑，老爸是否去了满洲才得了梅毒。我的老妈是一般的病逝，但我也许感染了梅毒病菌。加上老妈的伯父是先天性精神分裂症……

"啊啊！我肯定不久会发疯的。我每天晚上都抱紧枕头，祈求上帝：救救我吧、救救我吧！"

真是令人震撼的告白。

但是，这些事情都是不该听的，连这样的事情都听了，对他的好印象也全完了。在他而言，恐怕是说与其弄个虚假的好印象，不如图个真实的印象吧。但在我而言，因这多余的告白，不但毁了以前的好印象，也明白了迄今所见外表的欺骗性了，自己观察力方面的自尊心受到了伤害。而且予人好印象，是我们与人交往时的权利，这权利就无故被踩躏了。

随意把自己的弱点暴露于人，我断然称之为"无礼"。这是一种社会性的无礼，我们出于对自己弱点的厌恶，认可他人的长处，可他人也同样地来向你证明弱点，这是很失礼的。

不仅仅是这样。

无论多么丑陋，都要告白自己的真实模样，期望别人接受、没准儿还喜欢上这副真实的模样，这种想法是一种撒娇，是小看了人生。

这是因为，无论对任何人，真实模样都是可怕的、不可能喜欢上的东西。这恐怕无一例外。无论是多么天真无邪的美丽少女，若看见了其中潜藏的人间真相，都不可能爱的。佛教的修炼，让人观察人类尸体腐朽过程，从而领悟无情之相，就是根据这个原理。

这里头也许存在一个人生与小说的大分别。我们阅读陀思妥耶夫斯基等人的小说时，一方面为其展开的人间百态的真实、可怕而震撼，另一方面仍不由自主地爱上了登场人物，其中原因，在于他们纯粹是小说中的人物，也即"读者自己"。

但是，现实生活中，他是他、我是我，无论他的告白如何巧妙，我都不可能成为他。所以，无节制、滥情地告白的人，把小说与人生混为一谈了。借用尼采的话，是以为自己是上帝。从这个角度来看，他不仅无礼，还得说，他是个傲慢的家伙。

这里面有一个真理。

能够爱真相的，只是自己。印度的经典《奥义书》里面曾有教诲："只爱、只崇信自我吧……"

不知不觉中，我们深入了哲学。还得振作精神，回到人类社会生活之中去。

在这里，人们一边说笑，一边或挥锤或握方向盘或执笔或打字，都快活地工作着。

"那小子不赖呀。"

"那个人挺给人好感的。"

"好有魅力的女孩子啊。"

"这人太棒啦。"

"好小子！"

"是个理想的女性啊。"

大家议论着，友情随处产生，恋爱也开始了。这不是足够了吗？为何还要来一番告白呢？太幸福或者太不幸的时候，没准告白病就会抓住我们。正是这种时候，忍耐至关重要。因为你痛说身世时，他人并不当一回事。

不履行公约

各位见过《东京都知事候选公报》这样的印刷品吗？

这是一张报纸大小的方形印刷品，排列着十名候选人的照片，从极左至极右各具风貌，陈述极具个性化的政见，列举了所谓的公约。有人可能会读漏了，以下我做一点介绍吧。

自称"全国行政监察团总裁"的小长井一是当中的杰出人物，为了拉票，他特地这样解释自己的名字："咱一就是一。"

据"一先生"说，什么"防止卖春法"，是"绝经老太婆议员的吃醋之作"，是方便有钱人弄出来的。

"要重新研究法律，把青年男女们的性烦恼、家庭烦恼，也就是人类自然的性的烦恼、痛苦，变成开放、爽朗的快乐，有甲乙丙丁似的温暖和深度。"

又说：

"日本的物价指数就交由理发店、鱼店、运输、酒馆、蒲公英、堇菜、银莲花确定好了，必须从大都市自身的交流找出推动地球的国际经济指数。"

而把东京打造成战前上海那样的国际都市、手握世界的物价指数的话，即汇集了各国的利权，原子弹也就轻易不会扔下来了。

"人类思想哪有红有黑，都是大好人；生活富裕起来的话，邻居全是笑脸啦。"

正像是邪教祖师爷的神谕，如果按照"一先生"的公约，东京可能就成美苏英法的租界了。最后他说：

"'一就是一'先生敬告各位东京市民：

"电话打给阿三，选票投给阿一！"

以上令人忍俊不禁。

另外，又有一位政党无所属的贵岛桃隆先生，是"东京都政调查会长"，打出了"建立大众资本主义新时代"的旗号。

贵岛氏说：

"针对日本的选举腐败、政治黑暗，一个熟知日本情况的外国记者用以下歌曲予以批评：

猪化选举小调（和田平助翻译）

A 在广阔世界的一角 / 选举令人好心塞 / 选出猪和哥斯拉 / 成为猪化的选举 / 金主日本好可悲啊 / Hello Yes OK / 猪化猪化 / V——V——V——

B 早上从黎明的羽田 / 美元到来好消息 / 公平选举即落选 / 大和男孩的彷徨 / 遍撒诱饵好可悲啊 / Hello Yes OK / 猪化猪化 / V——V——V——

C 夜晚的酒馆四处有 / 大和抚子好凄凉 / 猪和大猩猩拥怀中 / 卖身唤作一夜妻 / 花开只是黑夜花啊 / Hello Yes OK / 猪化猪化 / V——V——V——

D 选举没有不靠钱的 / 特权交易散财时 / 口齿不清发豪言 / 沟渠老鼠到处窜 / 白猪也要变黑色啊 / Hello Yes OK / 猪化猪化 / V——V——V——"

为年轻读者着想，我加上一点注释：这首歌当然是很贵岛式的创作。译者和田平助，是将过去的流行语"助平天合"倒过来作为名字。但是，我对这首歌是有点儿佩服的。"猪化猪化／V——V——V——"是一众软绵绵流行曲中看不到的、新鲜的叠句，首先，这首嬉笑怒骂的歌整体上透出了日本现实的黑暗。这种歌可不是想弄就轻易能弄出来的。

且慢，我们来看看十位候选人的公约吧。提出多少有实现可能性的、具体的公约者，是多少有点当选机会的候选人；而越是远离当选可能性的，其公约也越是空想性的、梦幻且神秘的。这在人的心理而言也是当然的吧。政治与理想主义一向以来的反比例关系，在这种地方也清晰呈现出来。

但是，我们最容易被蒙骗的，是那种乍看现实主义的、具体性的、有可能实现的公约。如果说"明天给你一千万元"，谁也不信；但如果说"明天给你三千元"，就会相信了。最终都拿不到钱这一点，无论是一千万还是三千，都是一样的。

为什么小的期望或约定感觉能成、大的期望或约定就感觉不靠谱呢？这是出于我们的人生经验吧……公约这样的东西，就是在这个错觉之上加以巧妙借用，欺骗公众。所以，任何选举，以为三千元的保证比一千万元的保证稳当，投票给他，那就连三千元也得不到，要吃哑巴亏了。

所以，我在此提案：

"不履行一切公约。"

是否有候选人一开头就大无畏地宣称这一点呢？这是不用诱饵钓鱼的方法，没有充分自信是做不到的。但是，如果把这样的做法推广开了，就不必担心被指责"不履行公约"，被选举人、选举人都轻松愉快。也就是投票者发出了空白委任状，给予如此高度的信任，就这一点而言，作为政治家可谓一百满分了。

反正市府这种地方是个迷宫，无论何方圣人、抱有何种理想，坐上了市长宝座，肯定不可能完成的事情堆积如山。

"根治奇难杂症。"

若有豪杰之士一手持公约，一手高举大砍刀等在满是蜘蛛网的怪物宅子里，夜深苦等不见这怪物的踪影，那也无可奈何。以为怪物只在夜间出来，是人类的浅陋吧。

仔细想想，不履行公约的，并不仅仅是政治家。初入社会的年轻人在就职考试时，对社会谈及自己的人生目的，也是阐明一种公约，但一年过去，年轻人都忘记自己说过的公约了。

婚礼上的新郎新娘宣誓，也是在神前宣布一种公约，但这也是不作数的，跟政治家的公约一样。

说真的，要说在这个世界上不折不扣实行公约、没有贪污腐败的社会，那只有专制的国家，所以在中南美的国家中，只有多米尼加没有贪腐。因为贪腐会被枪毙。

正因为这是一个政治家不履行公约、嘻嘻哈哈的国家，所以我们才能够着迷于弹子机或脱衣舞，若是说话算话的政治家，就该有气魄声明：我"不履行公约"……

表扬日本和日本人

至数年前为止，数落日本和日本人这碗饭还挺好吃，做这个买卖的人还很多。可到了鼓吹民族主义之后，似乎这门生意就不对劲了，加上右翼民族主义一直以来拼命表扬外国，尽以日本为病，于是到了一个从右至左都被称为"国贼"的时代。随着日本经济迅速复兴，日本人越发产生一种倾向：笼罩在沾沾自喜的民族主义情绪之中。眼下美国的"日本热"之类，尤其让日本人鼻孔高高翘起来。

居留巴西的日本人中，众所周知有胜组、负组两派。那时候，有一个议员逐个到巴西日本人村子演讲，大赚了一笔。这位议员先生到处去说这样的话：

"没错，日本军是败给了美国，但是，只是表面上看是这样，在文化的战斗中，日本完胜美国。

"美国被逼上了物质文明的悲惨不归路，他们现在追求什么呢？我说，是日本的花道。我说，是日本的柔道。是水墨画、禅宗的教诲。是以《罗生门》为首的日本电影，是文学。不，不仅仅这些，日本的竹篓成了他们的面包筐，日本的漆筷成了他们的发簪。

"咱神国的文化，乍看是败了，现在却征服了美国，并且光耀世界。"

不仅在巴西,这阵子的东京也时兴这样的演说,看样子听众挺受用的。

照此做法,可以把关于日本的坏话一一翻案吧。

"日本的马路之差,可谓世界之最。在外国……"

"且慢。日本马路之差,根源于日本人一直以来热爱和平。欧洲的马路自古罗马以来,是作为军用道路发展起来的,纳粹修建的好路,是为了侵略而修建的。

"而且,在外国,自古罗马以来,将钢筋混凝土用于建筑,古希腊堆满了永久性的石头建筑物,所以无论如何要优先规划马路。事后再想来拓宽马路,是无能为力的,所以要下决心先做好城市规划。说到这一点,因为日本都是木造房子,马路作为房子之间的空隙,到考虑加以拓宽时,只要拆掉周围的房子或者迁移一下就行了。城市规划也要折中、妥协,是不得已的。

"大体上,古代的石板路,例如在意大利,其大理石较之日本的木材便宜,可以大量生产。日本马路差,原因在于历史和产生方式不同,日本没有必要慌不迭地追随外国。

"尤其是从美国前往墨西哥的人,一下子由平坦的柏油路进入凹凸不平的马路,玩味了难以言表的旅行趣味。对美国的游客而言,凹凸不平的路正合胃口,没有比这样的路更奇妙的了。想想看,如果旋转木马只是笔直移动,那可就太没意思了。"

"日本的失业救济挺不像话的,社会保障不完善,实在令人汗颜。看看福利国家英国吧。看看北欧各国吧。"

"那我问你：北欧国家挺多老人自杀的，原因是什么？社会保障过于周全，老人家变得无所事事，失去希望才自杀的嘛。请看看日本吧。日本自杀的大半是青年男女。青年男女的自杀，就像是在玩过家家，是冒失鬼所为，出于对人生的无知。像这样年轻人轻易死掉、老人家充满希望工作着的国家，才是天堂般的国家。

"从生到死都置身于激烈的生存竞争，这是生物法则，要违抗这一法则，人便失去了作为生物的力量。动物元气也就消散无踪。日本的能量，正在于如同迪士尼的米老鼠电影，男女老少都处于激烈的生存竞争之中，终日奔忙，以菲薄的工资干过量的活儿，家人互相帮助，毅然决然面对人生。在国外的公园里，老人们在向阳的地方占一张长椅，一整天像一件木雕似的木然，多么凄凉啊。"

"国外常见夫妻俩一起出门、丈夫关照妻子的情景，这是多么美好的事情啊。可在日本……"

"外国人正为这种习俗困扰得很。作为一种对策，在英国，有许多女人止步的俱乐部；在巴西，甚至有女人止步的小岛，男人在那里可以摆脱女人的唠叨，轻松自在地垂钓。如果去哪儿都要夫妻结伴，那妻子也好丈夫也好，必然随时目击配偶意乱情迷。这些成为不必要的矛盾，回家后便成为反目、争吵的原因。最终，夫妻俩是在外显恩爱，在家斗不休。更甚者，就连夫妻之间也永远是表面一套。一边雇私人侦探追踪、准备打离婚官司，一边口口声声'达令'，亲吻脸颊。就连惯称女尊男卑的美国，虽不能一概而论，就我所认识的夫妇，驾车兜风无论多长时间，驾车者都是太太，先生仰

头瘫坐后排,还有的先生时不时点评一下:'瞧你又闯红灯了。怎么这么笨呢?左右不分。连英语都不懂了?'

"像西班牙、日本这样的古风犹存之国,让妻子待在家里,只丈夫跑外面,是很合宜的美好风俗。这样做可以防止彼此的'相厌期',丈夫回家后会更加温柔。在人前骂妻子,二人相处时恩爱——这一点不是伪善。大体男女之间,除性事之外是特别种类的动物,感兴趣的方式不同,不可能彼此心心相印。所以,到哪儿都男女相伴夫妻同行,实在是不懂得人类心理的野蛮人风气。"

……

像这样列举日本的好,肯定就与日本的不好正好同分。日本就是日本,不是别的国家。

歌德坚持说德国人的坏话,却成了德国文豪。只不过歌德是堂堂正正、指名道姓批评"德国人不好"或者"德国不好"。他不像说日本坏话时常见的那样,玩弄讽刺辞藻,说什么"如果是某国的话"之类。歌德是真伟大。那么,日本人呢……?

取笑别人的失败

我念书的学校对礼仪要求繁琐。法语老师向大家收会费，带我们去吃法国菜，教我们种种西餐礼仪。

战前，我也曾有机会跟威严的贵族长辈一起用餐。我这么个少年，必须在这些装腔作势的老人们跟前吃饭。我太紧张，手一抖，碟子上的炸肉饼整块飞出碟子时，我死的心都有了。但我又赶紧把那块炸肉饼拿回碟子，装作若无其事。老贵族们不苟言笑，一副视而不见的样子。

直到很久以后，我在银座四丁目过十字路口之后，想潇洒一把，轻轻跃过和光前的银色链子。很遗憾，我的脚绊在链子上，扑通一下摔倒了。当时，我一跃而起，若无其事往前走。纠错之迅速让我挺得意，历时大概也就是百分之一秒吧。

以上的任一场合，我都没有听见他人取笑我的笑声。我完全想不起我听见过这样的笑声。

然而，仔细想想，我没有从容听取他人笑我失败的声音，这对于我的人生而言，是懒惰行为。假如我想更努力历练人生，当时我不该拘泥于面子问题。因为取笑我失败的人的面孔，才是更真实、更可爱的笑脸。

怎样的功利主义者都好、谋略家都好，在笑与己无关的他人失败的瞬间，会变得极单纯无瑕。任何人此时都很善意，眼中闪耀着童真之光。一个想要帅的家伙在银座四丁目的十字路口栽了！一道谁都能免费观赏的风景。实际上，他人失败这件事，是人生的一大安慰，是愉快的节目。为什么我这么不厚道，要在仅仅百分之一秒之间就结束对他人而言难得的节目呢？愉快的节目，尽量长一点嘛。

看见一个人把擦得干干净净的玻璃窗当成没玻璃，一头撞了上去，不亦乐乎！

看见一个人把牙膏当刮胡膏拼命往脸上抹，不亦乐乎！

看见一个女人义乳移位，后背鼓起骆驼似的"驼峰"，多搞笑啊！

看见一位女士看戏入了迷，把膝上的紫菜寿司卷撒了一地，叹为观止！

看见一位热不可耐的大叔对自动售货机上的"故障"二字视而不见，塞进好几枚十元硬币，不禁莞尔！

……认真想想，如果没有这样的事情，人生是多么无聊啊。既然如此，没有比以偶然的失败、拯救人类于无聊之中，对人生有更大贡献了！而且通过此举，我们就可以看见人类许许多多纯真、美好的笑脸了！

要取笑他人的失败！从前的歌舞伎专擅此道，观众们慷慨大方，总是同声大笑：

"好搞笑，笑死人了，哈哈哈哈！"

老贵族们不能笑话一个少年把炸肉饼弄"飞"，这挺不幸的。他们天生的教养和礼仪习惯，抑制了人类的自然之心。

冬天看见一个人在冻硬的路上摔个四脚朝天；大风之日看见一个人拼命追逐被刮跑的帽子，这种笑话可怜人的心情，把我们跟世界联系起来。我觉得，连接世界之环，不是人类的爱，而是单纯的、嘲弄的哄笑吧。

苏联这样的国家让人感觉不可爱，那是因为他们的主题，是强调人类的整体联系，对此自己不作任何付出。如果这些国家在众目睽睽之下演出一场滑稽的失败，也许会很可爱。可他就是一副迄今从没失败过的面孔。如果这些国家的领导人突然出现在纽约，搭地铁时浑然不知屁股后的裤子开了大洞，那对世界和平是多大的贡献啊！我讨厌领导人那种"宽大的微笑"的表情。

友情是出自互相取笑。

"那家伙被女的甩了！那小子多笨啊，笨死啦！真是个糊涂蛋！"

几乎笑出眼泪的，是真朋友。

战时的日本女人看见被俘的美国兵，说"好可怜"，曾惹出麻烦。我觉得，这种不带嘲笑的感伤式同情，和好战主义就是一纸之隔。人是不能嘲笑了，才打仗的。每遇嘲弄就要决斗的西洋中世纪武士们，毕竟是野蛮人的一种吧。

在古希腊喜剧阿里斯托芬的《云》里面，苏格拉底被漫画化得一塌糊涂，但恐怕苏格拉底自己，也混在观众之中，嬉笑着观看自己的漫画形象出现在舞台上吧。看来苏格拉底懂得自己的失败被人取笑的快乐。这正是智慧者的快乐，不像现在的知识分子，带着病态的自尊心，生怕人家认为自己没有真才实学。

可以嘲笑经营失败、欠下一亿元的人吗？

是的，可以嘲笑。

在这个世界上，不妨认为，没有比见怪不怪更为严重的问题了。就连有人自杀，也可以成为笑料。就连荷风先生携三千万元落魄而死，对于他人也是幽默。

考虑到这个程度，被人笑话就实在不算什么了。

所以，我们应该取笑他人的失败。

Who knows？

被问及最喜欢哪句英语,我的回答是:Who knows？这句话很平常,但有点不好翻译。直译的话,就是——

"谁知道?"

可这样译就没啥味道了。这句话背后,似乎有微妙的含义:"天知地知我知"。是在这种味道之上的"谁知道"。

例如小孩子趁父母没留神,爬上脚凳,打开柜子,偷吃了点心。然后他一副若无其事的样子,心里头嘀咕:

"Who knows？"

这正是这句话的味道所在。一只猫刚刚从厨房偷吃了一条鱼,它来到外廊晒太阳,若无其事地抹着脸。这种若无其事的模样,就是:

"Who knows？"

丈夫骗说公司有聚会,与打字员泡情人旅馆,在适当时候返家回到妻子身边,发牢骚说:

"一大帮男人的应酬真够烦的。"

这也就是:"Who knows？"

在某个偏僻的酒吧，诈称自己从事女孩子向往的职业：

"我跟电影圈有点关系，你长得挺不赖。你愿意的话，我把你介绍给制片人。"

用这种诱饵把女孩子骗上手。这也是："Who knows？"

趁丈夫不在家，一身烹饪衣服打扮的主妇，手提着露出一截大葱的菜篮子，就跟小伙子开房成其好事，然后赶回家，若无其事地忙碌晚餐。

诸如此类也属于"Who knows"。

由此看来，当下世相似乎颇有"Who knows"的因素。现代都市生活正可谓"Who knows 时代"吧。在皇太子大婚的宴会上，把小酒杯带回家的议员就是好例子。据说杀害司机抢车的罪案是最难找到线索的，这也可以称为"Who knows 精神"的犯罪吧。

即便未达到这个程度，在饮食店顺走个胡椒粉瓶子、在酒店偷个烟灰缸，也属于 Who knows 一类。但是，在银座的料理店，不知不觉间被顾客顺走了一块隔扇，这种奇谈堪称天才的 Who knows 了。

我是在纽约生活期间，渐渐喜欢上"Who knows"这句话的。美国人挤出狡黠的表情，吐吐舌头，闭上一只眼睛，说"Who knows"时的绝妙感觉，日本人做不来。

想想我为何喜欢此话到这个地步，确实是有道理的。我在国外期间，从心底里知道了这句话的妙处。众所周知，在日本，作家照片太常见了，小说家的尊容无甚可取，却过度露脸了。我们无缘回味 Who knows 的快感，我们的一举手一投足都被盯上了。真正是 everyone knows。这样可就有碍生意了。且不说电影演员，对我们小说家而言，有采风这么件重要事情，却无论走到哪儿都被识穿、被戒备，毫无小说家的自由。假如那位荷风先生被识穿作家身份，名作《濹东绮谭》也就不存在了。

我是到了外国，才头一次明白 Who knows 之可贵。由此想到在日本，也有专业人士（在美国恐怕占专业人士的百分之九十九）不靠广为人知的老脸、不用忌惮任何人，就开展其"Who knows"生活，实在艳羡不已。

但是，想来正因为 Who knows 是都市生活的美味，这句英语里头仍有某些非日本的东西。与这句话相对，大概他们是有"上帝知道"的意思吧。上帝知道，但人们之间不知道——我感觉这里面有"Who knows"的真正意思。因为从基督教，至少从美国清教徒精神来说，"我知道"这句话，也就是"上帝知道"的意思。

然而，在咱无宗教的神国日本，似乎神也不知道的事情有得是。有句老话——并不是《刀痕与三郎》[①]里的台词——说：

"神不知鬼不觉嘛。"

看来人知道的事情跟神知道的事情不是一回事。所以，日本的 Who knows 才是更为纯粹、绝对的 Who knows，真正是谁也不知道。有时候，甚至连当事人本人也不知道。这么一来，已经是梦游症似的症状了，跟疯子只隔一层纸。

大城市似乎正渐渐把人群当成无记名的记号。A 太郎和 B 夫，只是名字不同而已，实际上即便是 A 夫和 B 太郎也无所谓。彼此都有"不知这小子哪儿来的"的意识，简言之，即便把饮食店的胡椒粉小瓶顺走了，也可说：

"谁知道是谁，是哪儿来的？"

[①] 日本歌舞伎世态剧《与话情浮名横栉》的通称。

不过，假如你追问自己"谁知道是谁，是哪儿来的"，这一点渐渐也会变得暧昧起来。就算拿走店里的胡椒粉瓶，谁知道呢？不，即便事后察觉少了，谁知道是谁拿走了呢？没错，确实是这样的……然而，你自己恐怕也不知道自己身为何物了。这才是 Who knows 发展的极致，正是玩 Who knows 的摸瞎子游戏似的东西……这就是现代日本的模样。

"了解你自己！"

古希腊这句格言，颇具深意。因为我们了解自己甚难，所以发展到谁也不知道我干过什么的地步，完全是破罐破摔了。Who knows 到这个地步也就完了，再往前就是抢劫杀人了。

我觉得，应该将 Who knows 用于"了解你自己"。也就是说，当你顺走饮食店的胡椒粉瓶，心里头嘀嘀咕咕时，你已经把自己作为了你行为的证人。这一点想来挺可怕的，即便你喊"救命"，也没有任何人来帮你。这时候，才开始有点儿明白什么是自己了。贪污渎职者嘀咕着"Who knows"，不妨作为一个好机会，好好了解一下自己这个人。

别看重小说家

这阵子,小说家这种人变得很了不起了。你觉得他肯定收入多,比自己老爸厉害吧。棒球选手也好、电影演员也好、流行歌手也好,都是当代英雄,但这样的英雄与其说受尊敬,毋宁说被喜爱更合适吧。要这么说的话,小说家被喜爱且受尊敬,可是不得了。

要是问个究竟:为何小说家被看重?理由却很暧昧。

所以,我打算在此一一说明看重小说家的病态心理。

(一)A子说:"小说家跟棒球选手、电影演员不同,人家还懂外语,有学问。可以作为学者来尊敬嘛。"

答:"噢,说这个么,不过,学者和小说家就像共产党和社会党,虽相似却大不同。说起来,在明治时代,有人既是大学者,也是大小说家。但不能说,因为是大学者,所以作为小说家也很伟大;相反亦然。他们仅仅是大学者、大小说家。那也就是说,跟一个人既是大外交官也是大诗人,没有多少分别。

"大体上,大学文科出身者,只要不是很懒的人,会一两门外语是理所当然的,仅此不能摆出一副学者面孔。小说家在学术上有创见、通过博士论文之类,是从前的事,现在的小说家可没那么多空闲。充其量也就是写情痴小说的同时,介绍一下新出的外文书,摆摆知识分子的架子而已。"

(二) B子说:"不过,至少小说家可以作为知识分子尊敬嘛。"

答:"您有何根据这样说呢?知识和小说有何关系?对小说家而言,知识不过是小说材料的一部分,像寿司店讲解材料,即便听了也无济于事。充其量就是变成一个寿司通而已吧。

"江户时代的歌舞伎作者为了写戏,充分听取必要的知识,还有话剧表演家,已故的青山杉作[①]等人,总把自己的表演知识称为'拾荒袋',里头塞满他人不要的知识,例如'十五世纪的决斗方法''希腊正教画十字的方法'等等。假如这样的称为知识分子,现在的小说家对女性和服的图案花纹一个也说不上来,称不上知识分子。

"另外,假如把早早接触世界新思想、先民众之忧而忧、预见文明未来的人叫做知识分子的话,世界上已经没有丝毫新思想,除了高岛象山[②]先生以外,有预言能力的人一个都不存在了。在当今世上,小说家这样的冒失鬼,怎么能成为知识分子呢?想想就明白了吧。

"而且跟明治时代不同,现如今新知识不是一部分特权化知识人的东西了,而是全体民众的东西了。"

---

① 青山杉作(1889—1956),日本演员。
② 高岛象山(1886—1959),日本易学大师。

（三）C子说:"不过,小说家至少作为人格高尚者,配得上尊敬吧?"

答:"天大的错误。

"现在的小说家之所以看起来人格高尚,是拜传媒业过度发达之赐,他到处露脸,不能够悄悄干坏事了。在这一点上,电影演员更是'不得已的高尚者',在这一点上也许超越了小说家。只不过电影演员在银幕上的种种阴险狡诈,使人难以当他们是人格高尚者;但小说家无论在小说里描述多坏的事情,都精明地设定自己不在场,无辜的样子可装成伪善的人格高尚者。这也是小说家狡猾的地方,但社会上不大把小说家看成坏人这一点,也是其可悲之处。从前自然主义时代的作家,似乎还有另一种光环——被社会视为豺狼般的狠角色。

"据说作家里见弴[1]曾作为嘉宾出席电视台的破案猜谜节目,到揭晓谜底时,他对故事中隐藏的案犯是一个画家大为愤慨,说'艺术家肯定不会犯罪,这个故事是错误的'。可是,法国诗人兰波和魏尔伦发生过伤害事件,在魏尔伦入狱期间,兰波把他的私人物品卖精光。塞内加也好、拜伦也好,都曾挥霍公款;作为天才小偷,维庸[2]和热内广为人知。

"我反而信服托马斯·曼的小说《托尼奥·克勒格尔》里面的一节:'为了成为诗人,有必要干些进监狱的事情。……既是安稳得很、跟犯罪无关的银行家又是写小说的人,绝对不会有。'"

---

[1] 里见弴(1888—1983),日本小说家,本名山内英夫,作家有岛武郎之弟。
[2] François Villon(1431—1474),法国诗人,狂放无行,曾多次入狱。

（四）D子说："不过，小说家人生经验都很丰富吧？所以，给没有人生经验的我们指路，作为咨询人生问题的老师，值得尊敬嘛。"

答："你好笨啊。为什么让别人为你的人生指路呢？这功夫可真省不得啊。假如想写信咨询人生，还不如求山雀帮你抽一支神签好多了。

"人生无所谓浓或淡、多或少。谁都只有一次人生而已。与三千人谈过恋爱的人，和只与一个人谈过恋爱的人相比，未必就更多见识，这是人生的有趣之处。与此同时，所谓小说家比读者更了解人生、可为别人指路之类，也纯属迷信。小说家本身也在人生中跋涉，好不容易抓住块木头、得以喘息的形象，也就是其写作的姿态。小说家能够给出的人生问题的答案只有一个：'你也写小说吧。'然而写小说得有才华，并非谁都能写小说。所以，这样的解答毫无价值。

"假如遇上了正经要给别人指点人生的老师，你可得警惕了。"

（五）E子说："我尊敬小说家，是因为他是有才华的人。"

答："随你便。你要尊敬一只呱呱叫、毛色花哨的鹦鹉，纯属你的个人趣味，与我无关。"

Oh, Yes！

我一九五七年去美国一所大学时，获邀去某美国教授家里吃晚餐。日本来客只有两个人：一位地方大学的老校长和我。

这位老校长自然很有大学者模样，只是英语不行。英语会话好不好，与其人价值无关，这是我一贯的观点。

校长其人一副安哥拉猫的风采，他肤色黝黑，感觉像一只坐惯了大学校长室宽敞椅子的老猫。但是，校长几乎不说英语。为弥补这点，他不住地表露亲切殷勤，这在日本是极少的。美国的教授们对这位先生十分郑重其事。他们把孙子带来，让孩子与老校长握手，说：

"我孙子有幸跟大学校长握手，太光荣啦！他一辈子都不会忘记的！"

美国人巧妙地使用社交辞令。

教授们向校长说起种种事情。而校长笑容可掬的回答是不变的："Oh，Yes！"

"Oh，Yes！（笑容可掬）Oh，Yes！（笑容可掬）"……我在一旁看着，佩服他真是位服务精神旺盛的先生。

任何晚会都会有的情况——接不上话的一刻来临。据说在某国这叫做"天使来过",此刻正是天使来过了。而且在那里,懂日语的人除了老校长,只有我。

因我是个毛头小伙,作为同席客人有点儿伤其自尊吧,相互介绍之后,他就完全不理我了。但最终他敌不过想说日语的欲求吧,转过身来对我说道:

"哎——你在写什么东西是吧?"

我有点愕然。明治时代的小说中的警察,经常就是这种口吻说话。跟初次见面的人这样说话,是极少有的。我把握不住问话的意思,回问了一句:

"嗯?"

但一位美国人正好也对校长说话,挤到一起了。

"Oh,Yes! Oh,Yes!"

老先生转向那边,谦虚诚恳、笑容满面地答道。接下来的会话就像以下这样,变成了校长一人分饰两角,表演双面人:

校长:"哦,你在写哪一类东西呢?是写论文吗?"

我:"嗯——论文那方面……"

美国人:"(哇啦哇啦哇啦)"

校长:"Oh,Yes!(笑容可掬)Oh,Yes!(笑容可掬)"

我:"我不是写论文。"

校长:"噢,那是写评论方面?"

美国人:"(哇啦哇啦哇啦)"

校长:"Oh,Yes!(笑容可掬)Oh,Yes!(笑容可掬)"

我:"我在写小说。"

校长:"写小说？哦，是这样。"（对美国人）"Oh, Yes！（笑容可掬）Oh, Yes！（笑容可掬）"

……

从那时起，我就对"Oh, Yes！"印象深刻，难以忘怀。

前不久，我难得地重温了"Oh, Yes！"。事因我老友留学美国七年回来，说是如今他听说读写均以英语较之日语方便。据说，他一回来就与叔叔通电话，听到叔叔说"混浴"一词，却怎么也想不起什么是"混浴"，反复询问之下，叔叔生气了。此事本也自然，毕竟是在没有"混浴"的国家待了七年之久。老友为人很可爱，是个完全不矫揉造作的人，但说话之间仍不时带入"Oh, Yes！Oh, Yes！"。

因为他的"Oh, Yes！"是与刚才的老先生立场正好相反的"Oh, Yes！"，所以另当别论，颇有意味。

有过这么个事件：某电影女演员在国外仅待了几个月，回来在机场回答记者提问时，就很美国式地回应"嗯哼、嗯哼"，人气就掉了。另外，我的一个朋友在外国商社工作，被撞挨打时，会喊一声："Ouch[①]！"

外语这玩意这么好用吗？就连德语专业的学者在座谈会上，都有人说："用Dilthey[②]的说法，将Lebens[③]……"

如此玩弄外文辞藻，纯粹是不让人懂了。

且回到前面关于校长的事情上吧。对日本人威风、对外国人

[①] 英文，叹词，哎哟。
[②] 应指威廉·狄尔泰（Wilhelm Dilthey, 1833—1911），德国哲学家。
[③] 德文，生命、存在。

点头哈腰，是从明治初年到战后占领时期一部分日本人的习惯精神态度。一旦反转过来，就发展为一种妄想，视外国人为野兽，呈现"消灭美国鬼子"的歇斯底里症状，认准日本是世界中心，是绝对不败的神国。

以自然的态度与外国人交往，日本人似乎特别难。尤其以城市里的旧知识分子为甚；而在农村或者渔村，反倒能轻松地欢迎外国人。

关于日本人的卑躬屈膝或虚张声势，我都说烦了。然而，真正成问题的，其实是大学校长那样的旧派且出色的知识分子还挺多。在老一代人中，对外国抱有情结的，尤以杰出的学者、旧式人格高尚者、大道德家居多。像英语沟通能力与人的价值无关一样，"Oh, Yes！"的精神态度，对外卑屈对内傲慢的精神态度，也跟人的价值无关。"潘潘女郎"比这位校长英语好多了，但未必"潘潘女郎"就是比校长出色的人物吧。

不该以人的头衔来定其价值的高下。只是，似乎看起来日本人已经国际化了，跟外国人也平心静气、以朋友相待了，有时还用英语吵吵架，也不再对外卑屈对内傲慢了……近来的年轻人都能这样了，可要说因此正造就杰出的日本人，那也难说。我有一种感觉：假如卑屈的日本人更拼、更创佳绩，那"Oh, Yes！"什么的又何妨呢？如果更拼、业绩更棒，外国人怎么看、同席年轻人怎么看，那点事情又算得了什么呢？

桃色的定义

我原想把这个题目定为"猥亵的定义",但那么一来太没品,且不宜引发读者过度联想,于是改成了现在这样稳当的题目。但是,说成"桃色"的话,其实概念变得暧昧了。我这里想说的,是"什么是猥亵"。这回的讲座,与其说是面对一般读者,我其实更希望管理当局读一读。

关于"猥亵",在我迄今读过的东西中,最为明快正确地下定义的,是让-保罗·萨特先生。就我所知,他给出了关于"猥亵"的最出色的定义。

萨特在他的大作《存在与虚无》中,谈论"猥亵"的部分因与他的整个哲学体系有关,所以难以零碎地说明,但萨特首先划分"好品位"和"无品位"两种,"猥亵"分在后者。

以"好品位"而言,人类身体的一个个行为,正朝目的适应着,且由他人看来,内藏一颗难以预测的心,在迈向未来的同时,已经被未来之光照亮。

"构成好品位的东西,是自由和必然性联动的影像。"

"在好品位方面,身体是表达自由的工具。"

例如女运动员露出的手脚的姿态、芭蕾女演员裸露的背部,这样的东西不是猥亵。在那里,身体表达着自由,男性感到难以侵犯。

猥亵与自由是相反的关系,这是萨特极力主张的一点。萨特认为,最为猥亵的肉体的代表,就是施虐狂用绳子捆绑、欣赏着的对方的肉体,也就是说,是被剥夺了自由的肉体。

"无品位的东西",出现在好品位的实现受到妨碍之时。例如运动变得机械性了、失误了。芭蕾女演员忘了动作,在同一个地方反复左右动作敷衍,或者摔倒在舞台上。这位芭蕾女演员的身体已经不再自由,"在我们眼前揭穿了自己的事实性"——也就是说,抛弃了行为的、作为一个事实的肉体突然暴露了。这里便出现了"猥亵"。摔倒在舞台上的芭蕾女演员的光屁股上面,猥亵突然出现了。

萨特解释道,一个步行的人无意识地左右摆动屁股,虽然两腿确实在动作,但由于屁股像一个物体似的由双脚搬动着,这个屁股作为"多余的东西",孤立于步行的身体,亦即猥亵。

特别有意思的是,萨特的解释中说,像这样的一个屁股,对于没有引起性方面欲望的人而言,未能激起欲望地露出时,尤其是猥亵。

这一点是萨特与一般道德家关于猥亵的观念的不同之处。萨特将猥亵之物视为没有引发一个真正热烈的性方面活动的衰弱之物、无力之物。

猥亵的真正意思,就像看见某人在跟前摔倒露腚那样,是意外的、瞬间的,是躲藏在某种场合——"不该有的东西在不该在的地方被发现了"的场合。为这样的意外效果而出现的东西,就叫做猥亵物或者猥亵文字。请注意,淫书多数将性行为的描写置于令人意外的场所,例如宁静的树林中或者容易被看见的、白天的二楼之类。

从这个意义来看,像《查泰莱夫人的情人》那样,理所当然地、堂而皇之地展开应有描述的小说,怎么看都不是猥亵。因为那不是芭蕾女演员的屁股,是正在舞蹈的芭蕾女演员的描写。

萨特所说的,就是这个意思。

此刻一人正以完全无关性欲的心境,在二楼眺望夏日的晚空。然后,他目光忽而移向邻家院子。那院子的正中央,似乎有一个白色的瓷花瓶。

"咦,在那儿放大花瓶?是李朝的壶吧。"

他心里想着,凝神望去,却见一丛植物之下露出一个沐浴中的女人屁股。他想:哈哈,屁股啊!那一瞬间他还留有白瓷的印象,分不清是小孩的屁股还是女人的屁股。看见了,那显然是女人的屁股。明白了,是一个女人在沐浴!知道了,那是一个女子在院子里沐浴的身姿,她全不觉得难为情,不知被人盯上了。他完全没想到,会在这种地方看见裸体!他很吃惊,受到了震撼。因为那是猥亵。

接下来,不妨说,如果他只盯着那种情境中的屁股,那他就是只追求猥亵的东西了。因为他遇上了人类身体的自由行动,他不是燃起性欲,而只是追求屁股。

用常识来说的话,在承认对方人格之上的性欲不是猥亵,而脱离了人格、只针对作为事物的肉体的性欲是猥亵。所以,猥亵是观念上的,非猥亵是行动性的。

然而为难的是,人类完全脱离猥亵、只为纯粹性欲而动的理想实例,在现代文明之下是不可求的吧。不仅是现代文明,即便是古代,在文明繁荣之处必然伴随猥亵而来。

为了好歹收拾这种混乱，试图根据基督教"爱"的教诲，严格区分一下猥亵与真爱，但可悲的是，这样从猥亵切割出来的爱，连性欲也消失无踪了。所谓猥亵，成了文明病的别名，成了"没有爱的性欲""没有欲望的性欲"。

性神经症

当下被称为电影、杂志都属色情狂的时代。随着进入盛夏，越发暴露过度，只要看看电影或杂志，就让人感觉这一亿日本国民都因性妄想而变态了吧。以至于没有满脑子性妄想的人会怀疑：是自己不正常了吗？

这种时候，我总是想起一个例子：有一个男子，平时体力旺盛、性欲也在常人之上；他向我坦白说，他在部队的一年里，没有激发过一丝一毫的性欲。据说，他这个新兵蛋子一整天被练，躺下时，睡眠乃是最高的享受，整整一年完全忘记了性欲。这位男子O型血，的确是天生不大用脑子的悠闲性格。

与之成为对照的例子，是一位从美国归来的社会学者说的事。一次座谈会之后，我们聊天。这位学者说，美国的都市生活总是刺激人的末梢神经，使之衰弱。他认为："变成这样的人，到最后连对霓虹灯广告牌也感觉到性欲。"

我们听着，感觉有些莫名其妙。这时，一人打开窗户，指着对面大楼顶上闪烁的霓虹灯广告牌，坦率地问道：

"你怎么样？你现在看着它，感觉到性欲吗？"

社会学者怯怯地从高度近视眼镜中瞥一眼霓虹灯,嘴里嘀咕着,然后沉默了。

这两个例子,显示了现代人性欲的两个极端。

漫画经常表现一个男子与一个美女漂流到无人岛的故事。在岛上,理论上二人可无所忌惮直奔性欲,可实际如何却是疑问。现代人的性欲里头,不单单是肉体的刺激,还必须有观念的刺激,而这岛上没有后者。但是,假如每周从东京不远万里送来报刊杂志,事情则大不相同了。

如前一节所述,如果从"猥亵是观念上的"来看,无人岛并不产生新的观念。即便你正与绝世美女一起生活!

前面说的两个例子恰成对照:完全没有机会接受观念刺激的生活或环境和只有观念刺激而无其他的生活或环境。

读了森鸥外先生著名的《性欲生活》,吃惊于其中淡然的性欲生活。作品中有各式人物出没,而太受女性欢迎使身体垮了的,大体是美男子;正因为主人公金井君不是美男子,属于性欲淡然一类,所以没出问题,作品展示了其淡然的性欲史。一切都像淡淡的水彩画,作者森鸥外有其自负:"大体上,健全而理性的日本人的性欲史,就是这么回事。自然主义小说只会夸张,模仿油腻腻的外国人。"

然而读了这篇作品,也就明白了:森鸥外是一个很讨厌"猥亵"类事物的人。所谓"猥亵",是性欲受到观念性的刺激,不自然地高涨或者凝固的状态。森鸥外肯定是识穿了自然主义小说所代表的观念性欲的谎言,不接受这样的东西是真正的性欲。也就是说,一些随处可见的报道,诸如"被疯狂的本能驱使""男人赤裸的兽欲""人类骇人的兽性爱欲"的说法,森鸥外肯定看穿了只是虚构,不如说是人类的衰弱而已。

从经验上，我们很清楚知道：神经疲劳时，会病态地性欲亢进。如果有人将这现象错误认为是"强烈而原始的性欲"或者"本能的风暴"，是挺不对劲的。这其实是离本能最远的状态。

睡眠不足的上班族惹上司生气，带着破罐破摔的心情去弹子机店消遣，偏偏这回一颗弹子也不出来。他烦躁地往家里走。这时，他看见车站小卖店的杂志封面是裸体照片，怒上心头。烦躁发生化学变化，成了怒火……这跟"男性如同太阳般、强烈而原始的性欲"究竟有何关系？那不过是掠过大脑一角的、麻药般虚幻的幻想而已。如果他掏出三十元买了那本杂志，也就是在这广阔世界的某处，有某人得了些许好处。

现代人不仅被动地接受观念刺激，还要积极主动地创造观念刺激。因为观念刺激之泉干涸了，性欲也就枯竭，或者为枯竭的恐惧所驱使，好歹不使那泉水枯竭。这种恶性循环形成了当下的色情狂风潮，到了这地步，就是一种神经症了。

那么，健康的本能、健康的性欲是怎样的呢？

我感觉，跟那些挑逗的东西——裸照、性方面的露骨报道、"被夺去贞操的处女告白"、色情剑豪小说、电影的二十分钟床上戏……有所不同。

例如，某个夏日，毒日头下的树林中，一名年轻伐木人正挥汗如雨地劳动，性欲之类的恐怕都置之度外了。好，休息一下，他在伐倒的树干上坐下，擦汗。此时，林中的凉风吹过，吹干了他胸前、脊背上的汗水。心情很好，无可言喻。此时，他把目光转向边缘闪耀灿烂阳光的枝叶，深深吸一口气，迄今完全没有意识到的、生机勃勃的东西,突然从身体深处涌出来。未必要到在心里描绘女人的地步,也不是跟前出现了裸体女人,这位年轻人没有恋人也无妨……并不是对象鲜明的幻觉,只是有了一种感觉,突然想拥抱这个光明亮堂的世界、拥抱整个绿色森林。——这也许是个童话,可我认为这才是真正的性欲、真正的本能,所以,说其余全都是假的也不为过。

常有这样的说法:吸毒的黑社会分子吃软饭,专门在上野车站抓离家出走的女孩子,尝过鲜之后卖掉。我只看作"衰弱可怜的性欲故事"。青少年们性欲健康,并不衰弱,以为那是"强力赤裸的兽欲"而产生误解。

即便是我,假如有"强力赤裸的兽欲"也不坏,也不妨拥有试试。但是我已经不受假货蒙骗了。现代的性衰弱症的根本,在于错把"衰弱"当成"与之相反的东西",在于种种的误解、徒有其表和虚荣心。

服务精神

据说已故作家永井荷风特别怕见生人,但跟前的人若是见过的,他就会笑眯眯看着对方寒暄。这种做法,一般称为"城市人的毛病"。被称为文豪的某大作家也是这样,见了面,他的热情都让我不敢当了;在某个场合,他还曾特地从椅子上拿下外套、递给我。世称桀骜不驯之人,实际见了,却是令人吃惊地待人温和,这样的例子统计一下,确实以城市人为多。吉田茂好像出身四国地区,也可算这样的城市人吧。

当然,城市人这种"毛病",待人温和、有服务精神之类,是从小受社会熏陶的表现,是源于利己主义的自我防卫本能的体现。或者说,也是一种说不出的恐惧心的体现。对人的恐惧,潜藏在所有愤世嫉俗者的心底。

与此相反,朴实或所谓心灵美的人,即轻易就相信自己的善意、他人的善意的这种人,可见于从地方出来的人。然而,这样的人里头,反而挺多人简慢无礼,初次见面即出言不逊,打招呼阴阳怪气,这是怎么回事呢?

从孩提时到少年时代,太亲近美丽自然的人,从根本上看,似乎不知道要恐惧他人。即便成为大人了，对人类世界之可怕也都很清楚了，他们还是相信人的善意。所谓"相信人的善意"和"冷淡"，是盾牌的两面。

爬树摘柿子、在清清的河水里游泳、在山岗上玩打仗游戏……地方的孩子们在这样的生活中间，自然充当了大王或手下的角色，明白了社会生活或者生存竞争，但他们不像城市孩子那样，早早学会了看大人的脸色行事。

对于城市的孩子来说，会看大人脸色，不但是满足欲望所必需（例如想多吃点心），甚至玩打仗、练习投接球、在泳池游泳，都得一一获得大人的许可。这是因为孩子玩耍的空间，只能借用大人拥有的空间，别无他法。那里与原野、海边、山岗不同，本是大人待的地方。

随着学习这样的事情，孩子们精通了对大人的外交技术，但那只能是一种弱者的媚态，到了少年时代，它就成了极为自我憎恶的原因，胡乱地反抗大人或社会。但是，那样的反抗，也不过是媚态或撒娇的反面而已。

在城市里，人们从小就学习这样的事情：

"不能伤及他人啊。要是伤到了别人，一定会被报复的。伤了人，自己也会受伤的。

"如果尊敬别人、信赖别人、相信对方的善意，一定会被背叛、会遭殃哩。即便是父母，也是大人，若被父爱、母爱之类的美名所欺骗，那就不得了了。必须提高警惕。兄弟姐妹最不可靠，哥哥和姐姐简直就是畜生。叔叔、婶婶之类的亲戚，也不可以掉以轻心。学校老师是父母的间谍，父母则是学校老师的间谍。说好话跟我套近乎的大人，全都心怀叵测，而且自尊心超强。

"如果不尊敬别人、不信赖别人、不相信善意，只是友好相处。十岁必可成为大外交官。只在表面上做出很尊敬对方、信赖对方、相信善意的样子，绝对不忘这是逢场作戏。同时不因小事触怒对方，尽可能让对方感觉舒适，让对方尽兴而归。

"等我终于也成了大人，对大人的八面玲珑外交就算了吧。那样做只会吃亏，只会显得自己贱。必须让对方产生赋予了特权的错觉。为此，在自己周围设下坚固的篱笆，只有合法地进入篱笆的人，才对之展现笑容，而且是令人陶醉的笑容。

"这样的态度，必须尽量不公平、任性、不合理地表现。这样一来，我的笑容就不是为了对方，而是成为我性格的证明，越发值钱。

"还有，笑脸相对者，必得是大人物。必须向大人物同时也是大傻瓜笑脸相迎。傻瓜轻信，会感激，会向别人宣扬我对他笑脸相迎，其结果，我笑脸相迎的大人物，也不得不抛弃自己的特权意识了吧，不会认为因为自己伟大所以那小子笑脸相迎吧。这是至关重要的。

"于是，我就能够同时兼得贵族式的好评和民主式的好评。这两种好评是缺一不可的。

"傻瓜颇有利用价值。傻瓜有时候让人受不了，但忍受傻瓜也是必须学习的。"

十岁的"外交官"在城市里，不知不觉掌握了这样的政治哲学。历经数十年，就成为永井荷风或者吉田茂了。这纯粹是"城市人的毛病"么？

在某种意义上，这毕竟是毛病。因为他们不是出于这样的政治哲学的结果而微笑，他们是遇上人就几乎无意识地、不自觉地、因不可抗力地微笑起来。在不知不觉中，他们会忘记严格的政治哲学，惹人笑、自己也笑，玩得相当开心。他们清醒过来时，会深切地厌恶自己过剩的服务精神，想冷落全人类，但是一看见别人的脸又不行了，无奈只好独自关门躲起来。

对讨厌的事情就说讨厌、对傻瓜就只管喊傻瓜、无聊了就打个大哈欠、生气了就骂人、不想回应时就不回应、出了洋相就尽管笑、人家说冷笑话就不笑、爱张扬就大肆张扬、不看别人脸色想吹就吹、不考虑别人的爱好只管说自己的话题……这种事干得漂亮，就叫做大人物。这样的大人物，其待人接物绝对不是跟别人学的，是出自带一点牛粪味儿的美丽田园。

物以类聚，人以群分。恐惧他人的具服务精神者，与其他具服务精神者友好，大人物大抵与大人物友好。而所谓大人物的交往，是胆小怕事的城市人想象不到的，他们无论怎么伤及对方，似乎彼此感觉不到痛痒。所以，我要说，如果想成为大人物，年轻人啊，锻炼你的脸皮吧。因为出来选举之人，毕竟只限于大人物！

自由和恐惧

凡人似乎都会害怕一样东西,这种事情最近叫做"搞不定"。谁要是不打自招"搞不定的东西",那就是大笨蛋。可我没啥好隐瞒的,我就是搞不定蟹。"蟹"的汉字我知道,但我特地写成片假名,只为一见这汉字,我就想起它的形状,几乎昏厥过去。

民间信仰里说,人搞不定的东西,就是在掩埋其脐带的泥土上面爬过的动物,人一辈子都怕它。但是且不说地方上,东京就没有掩埋脐带的习惯。这里一般是收在衣橱抽屉里。要说最先爬过衣橱上面的动物,肯定是老鼠,可知搞不定老鼠的人很多。但是,我怕蟹又是怎么回事呢?我并不是海边出生的。

不过,蟹肉是我的至爱,我喜欢吃蟹腿或罐头蟹肉。可我一见罐头标签上的蟹,就受不了。画得很惹食欲的、蓝色大海上通红的堪察加拟石蟹张牙舞爪的样子……我很清楚一见它就会脸色苍白,所以赶紧撕下标签,撕毁扔掉,只食用罐头里的东西。

更奇怪的是,跟蟹相似的虾,也是我的至爱。烤大虾什么的我都吃,只不爱生吃而已。

人搞不定的东西各种各样,甚至有的挺变态的,据说三船敏郎①搞不定石灯笼，有人搞不定阳蘾，有人搞不定被褥上的水滴图案，等等。嚷嚷"好怕、好怕"，别人也难以置信，甚至有"我好怕馒头"的笑话。

为什么人类有害怕这种无聊东西的特性呢？不，并不仅仅是人类，就连吸血鬼也搞不定大蒜、太阳和十字架，日本的鬼也搞不定柊树叶。

谁都会觉得，天下无敌最没劲。势不可挡的英雄害怕蜗牛——诸如此类，可以感觉到人生妙不可言之处。因为一般人不怕蜗牛，所以仅此一点，就拥有了对英雄的优越感。英雄这一边，就可以凭借这无聊的一点，还欠世间的一个人情。

希特勒之所以予人阴惨的感觉，是因为他没有害怕的东西。如果希特勒害怕鼻涕虫之类，也许纳粹会更得势吧。

只是害怕最高级别的东西——例如氢弹、原子弹、战争，这种人轻易就能把自己的恐惧正当化。正因为氢弹、战争这种东西本身就是恐惧，谁也不能否定其可怕，所以他的恐惧是至高无上的。不过，鼻涕虫呀蟹呀鸡肉的菜式为何可怕呢？无从解释。于是，害怕鼻涕虫的人，就被对他人和对自己都无法解释的恐惧魔住了，不能把自己的恐惧正当化。如果问这样的人：

"氢弹和鼻涕虫，哪一个可怕？"

他会毫不犹豫地回答："鼻涕虫可怕。"

这种说法，肯定要遭到主张禁止氢弹爆炸试验者的痛斥，落得为人耻笑的下场吧。然而，他的回答是诚实的。

比起不知道会不会掉下来的原子弹，眼前的鼻涕虫才可怕！其

---

① 三船敏郎（1920—1997），日本著名演员，出演黑泽明导演的多部电影。

实,这是我们所居住的世界的本质面貌。英雄也好、凡人也好,都逃脱不了这条法则。如果全世界的恐惧都说得通、都是正当的,全世界人的恐惧心便一致了,什么氢弹、原子弹、战争,就没有立足之处了!然而,历史一次也没有这样发展。对人而言,最为可怕的莫过于"死"。不过,在对死的恐惧方面,人们从没有一致过。一名濒死的病人在公寓房间里因死亡恐惧而忘却一切时,邻室的健康青年正为蟑螂而提心吊胆过日子。

如此想来,也许"不地道的恐惧",才是人类最健康的模样。没有人在父亲去世时去看鬼怪电影吧,只有不直面死亡恐惧的人,才去电影院看鬼怪电影消遣吧。

害怕蜗牛、蟹之类不值一提的东西,是完全个性化的恐惧,并不是在模仿他人;所以,其中倒是带有自由的意识。对死亡、氢弹、战争之类的恐惧,是被动的恐惧,是对扼杀自己自由的可怕力量的恐惧。与之相比,我们对蟹呀蜘蛛老鼠蟑螂呀的恐惧,倒是积极的东西。我们要主动地去害怕它们。

仔细做个自我分析,我这种搞不定蟹、害怕蟹的心理,可视为针对自己自由意识而付出的一种代偿心理。人类希望自由的同时,又有一种感觉:害怕这个自由是百分百完美的东西。希望自由,但又希望自由仅有一小部分受到牵制。如果对方是氢弹或战争,所有自由都被侵犯了;但如果对方是鸡肉的菜式或者鼻涕虫,那就仅有一小部分自由被侵犯而已。所以我们乐于选择自己搞不定的、害怕的且很是孩子气的东西,诸如蟹呀鼻涕虫呀等等。由此看来,这是不可小视的事情,人类为了生存,不妨就害怕些无聊东西好了。人心所持有的恐惧的分量,各人大体相同,所以,若害怕了无聊的东西，恐惧都在上面了，则可免于对死亡、氢弹或战争产生恐惧。摆脱那种压倒性的、泰山压顶般的恐惧，保持自由之身。得益于此，可以确保自己眼下的自由。

古代中国周朝时，杞国的人担忧天不知何时掉下来，焦虑以致无法工作，这就是成语"杞人忧天"的由来。这个国家的人因为恐惧而将自己全部出卖了。尽量寻找可以正当化的恐惧，看上了众人头顶上的老天。这玩意要是掉了下来，那可受不了，大家都得死掉。想到这儿，不害怕的就是傻瓜，恐惧被完全正当化了，所有人都不能取笑"他人的恐惧"了。于是工作也无法做了，国家灭亡了。

人类还有一种"想要恐惧"的心理。政治也会施行一种普遍的恐惧，称之为"恐怖政治"，到那时候，国民的自由就被政治家没收了。

让人揪住尾巴

有人游手好闲、无所事事,但绝不让别人揪住尾巴。

"你昨天过足瘾了吧?"

"我什么事情过足瘾了?"

"你在酒吧那么受欢迎,我就放下你先走了嘛。"

"哈哈,所谓'过足瘾'是泡妞的事啊。如果说那方面,我迄今还不知道是啥滋味呢。"

这就是装糊涂、扮天真,如果是女人装,还挺可爱的,可男人装,往往就讨人嫌。

为了绝不让人揪住尾巴,众所周知,首要的是不说真心话。为了不说真心话,最要紧的是猛夸别人。因为我们真心夸别人是绝无仅有的。

大体上,在不让别人揪住尾巴这一点上,女人远比男人出色。而且,与其说这是长处,毋宁说是女人的短处——这一点后面再谈。要说女人在情事上守口如瓶,丝毫不露口风,是不在话下的。

"你什么时候跟 A 先生结婚?"

"哟,这从哪说起?谁说 A 先生要跟我结婚呀?别开玩笑!我迄今跟Ａ先生只见过两三回，还是在一大堆人中间。我们话都没说过几句，就见过而已。"

"嗬，外面都传开了嘛。所谓无风不起浪嘛。"

"现在才是无风不起浪呢。噢，我这样直接否定的话，反而搞得很奇怪。好吧，就当我跟Ａ先生有点什么也行啦。"

"你还挺会放烟幕嘛。假如你跟Ａ先生真的什么都没有，你说几句他的坏话总行吧？"

"可我都不怎么认识他，怎么说他坏话呀。没在意过他，说坏话也无从说起。那我干脆说说你的坏话吧？你人这么年轻，就有牙垢，脏兮兮的，是个不大顺眼的男人嘛。这样子别想招女孩子欢心。"

不知不觉矛头对着我来了。不过这是泼辣型的，为人爽快；另外还有一个劲夸别人、隐藏自己尾巴的阴性方法。

"你说逍遥派的光川先生呀？他可是最豪爽、最有趣味的人物啦。飞山先生吗？他为人很理性，有艺术家那种直感力，是从政的天才。"

"松林电影公司的山中先生？他总是让人很佩服。他的敬业精神和关爱后辈的周到，炉火纯青啊。"

这样子说话，说话人得到一个评价：不说别人坏话。自己的毛病也会被放过。

然而，我不要成为这样的人，小心翼翼过一辈子。

不被人揪住尾巴的人，像上述说的，有阴阳两种。阴性者，看起来像有道德的善人；阳性者，看起来像东洋豪杰，没什么可取之处。我认为，这两类人的本质几乎是一样的，都很懦弱。女人之所以擅长不被人揪住尾巴，也是弱者自我防卫本能发挥精湛的结果，或者也可以说，这是出自被爱者的懦弱。爱者空着手就能爱，但被爱者只要希望永久被爱，就必须永久地保存多少的神秘。也就是说，必须永久保存尾巴。人不能爱一清二楚的东西。

……但是，我在本节力图说明，"应该被人揪住尾巴"。一心只想着"别被人揪住尾巴、别被人揪住尾巴"而活着的人，不可能拥有真朋友、真伙伴、真伴侣。因为这世界实际上有一条很妙的不成文法，就是"说出秘密""交换秘密"，这一点成为社会人之间最大信赖的证明。"秘密"也就是"尾巴"，这东西是从这个严厉、冷酷的社会钓来温情好友的最佳诱饵。用金钱之类绝对钓不到的友情之鱼，通过说出秘密，轻轻松松就能钓到手。也就是说，"尾巴"是购买友情和信赖的最佳通货。

不妨听听上班族好友间在酒馆喝酒时的话题吧。交换牢骚、交换个人家庭私密，这些虽有点阴气，却是纯粹的交情，是酒席上的最佳话题。拍拍对方的肩膀说：

"你是一吐为快啊。对我说没问题，对别人绝对不能说这些啦。你说了，就会吃亏。但是，我不一样，你绝对可以信赖。只有对我，你可以毫无保留。"

这种话里，有多少情深意切，有多少掌握他人秘密的得意啊！虽换不来一文钱，却没有比这更高兴的了。假如是那种喝多了就痛哭流涕的人，听完之后，立刻就执手潸然泪下了吧。

所谓人的尾巴，轻飘飘，比猫尾巴更柔软，有水貂那种手感，像安哥拉兔那样朦胧发亮，让揪出它的人恍恍惚惚。也就是说，绝对会让人满足好奇心，拥有感伤和自鸣得意。这才是人类社会里比贿赂更加美味的大餐。

所以，人至少应拥有不下于狐狸的九条尾巴，然后视对方多愁善感之程度，让他们揪住或湿或干的尾巴，例如第一条交给 A 君，第二条让 B 先生拿着，第三条由 C 夫人掌握。

A 君听你告白少年时代的偷窃癖，知道你至今仍为那种罪恶感做噩梦，很人道主义地同情你，甚至尊敬你是极具人性之人。因为 A 君是文学青年，你让他揪住这第一条尾巴是明智的。

B 先生听你说曾如何被继母为难，十分感佩你现在的为人，录用你为他的秘书。你知道 B 先生少年时代也曾为继母欺负，让他揪住第二条尾巴是明智的。

C 夫人听你含泪告白曾与某有夫之妇自杀未遂，至今仍爱着那位女性，感动地说：

"太棒了！"

她虽然向你保证绝不对人说这个秘密，但对五六位闺蜜说了，于是你成为好些女性的性好奇心的对象。第三条尾巴让 C 夫人揪住是明智的。

但是，第九条尾巴绝不能让任何人揪住啦。因为只有第九条尾巴，知道前八条尾巴全都是撒谎的大秘密！

关于"利刃三昧"

根据刑事科的统计，每到夏天，恶性犯罪的数字便急升。像我这种喜欢夏天的人，即便读了新闻报道，说外国的城市迎来酷暑，暑热已经导致数人自杀之类，不单难以产生同情，还会疑惑那些人的心态。同样，某一类人说夏天莫名上火，失去理智地捅人、杀人，我也是似懂非懂。我只是觉得，那种人脑瓜子不行了，才那样做的吧。

不过，就算是我，产生流血、杀人想象的，也是夏天居多。西班牙斗牛的季节只限于夏天，理由恐怕是：西班牙被称为"欧洲的非洲"，若非夏天的强烈日光照得斗牛场黑白分明，使热沙逼眼、牛和斗牛士热血沸腾，就完全没感觉了。要说冬天斗牛，想想就觉得不靠谱。

曾几何时，石原慎太郎说看了沙特阿拉伯的投石处刑很激动，令人想到男子被埋在土里只露出脸，众人朝那脑袋扔石头砸死他的情景，阿拉伯的阳光也是必须的。

我曾访问墨西哥的尤卡坦地区，那时正值亚热带的灼人酷暑，只要想想古代以人为牺牲、让鲜血喷洒在著名的金字塔台阶上，一种畅快的感觉就掠过身体。

所有这些,都是关于夏天和血、寒凉的刀刃和热血的幻想。与这些东西相比,侦探小说、推理小说的所谓智能犯罪,看起来简直是贫血、苍白、枯萎。

"振奋人心"这种情绪的顶点,是应该见血的。斗牛是这样,日本的节日也是在气氛的顶点开始吵闹、不见血不收场的。这大约是人类起源性的欲望,但在现代,唯有脑瓜子不行的人会依其本性,借助夏天的暑热,把这种原始本能发挥出来。

夏天的酷暑似乎不单让人赤裸,人们还把理性的外衣都脱下了,袒露出深埋的欲望。于是"利刃三昧"便开始了。"三昧"这个词是很得当的,据说它来自梵语 samadhi,意思是"把心思集中于一件事,没有其他念头"。这是说,把心思集中在利刃、没有杂念的人,大批出现于夏天。

我每天读社会版新闻,上面刊载了许多杀人、伤人的报道,这跟风铃声或卖金鱼的吆喝也一样很有夏日感觉吧。因为是夏天,因为暑热,仅此便抑制不住冲动,这一点我就弄不明白了。

当我想到这样的人在秋、冬、春三季里,十分注意邻里关系,乔迁必赠荞麦面,礼尚往来无破绽,我就越发不明白了。那么,正是为了邻里人情而以"利刃三昧"解决?应该不是。这世上跟我这种冷血动物不同,似乎有一点热度即热血沸腾的人意外地多。

我之所以觉得这种人可怜,不是因为他们动辄伤人、要蹲监狱,也不是因为他们这回是真唱"少管所布鲁斯"了。这样的人天生太认真,不能享用自己内在的原始本能。

我相信文明人最大的乐趣,在于享用自己内在的原始本能。然而，"他们"没有余裕来享用这些，动辄施加"利刃三昧"，结果鸡飞蛋打，一无所得。

至江户末期为止，日本人是随心所欲享用原始本能的高级文明人。大量使用血糊的戏剧、残疾人的杂耍……这各种各样的文明产物，被愚蠢官员一句"野蛮"，都断送了。这种文明开化的浅见波及至今天，完全剥夺了日本人享用原始本能的机会。例如拳击、职业摔跤之类，本是文明人享用原始本能创造的出色的文明产物，就因为它们是舶来的，便延续到今天。如果拳击是日本自古以来的运动，一下子就会被贴上"野蛮"的标签，被明治政府取缔了吧。

日本人现在信以为是日本自古以来道德感的东西，若除去其中的精髓，剩下的大部分，不过是东京都卫生局搞出来的观念。也就是说，在那些地方搞个扫除、弄干净，"见外国人不羞耻"，脏东西就全部堆在围墙里面或扔进河里，是一种偷吃之后擦擦嘴装作不知道的态度。

说是要在东京搞奥运会了，便慌忙考虑怎么搞定粪桶……这种做法，从明治以来到今天，日本人仍在重复着。

于是，总被"卫生局问题"追在屁股后面的日本人，对江户时代文明具有的"享用原始本能"等奢侈要求，终于是充耳不闻了。满脑子错误的观念，以为"舍弃所有原始欲望，才具有文明人的资格"。而且不仅仅是官府，主妇联合会、家长教师联谊会更变本加厉。而随着日本文化日益失去野性的魅力，小巷子里的恶性犯罪便增加起来了。

夏天一到，这种错误的文明虚饰，就被猛烈的日光剥开一阵子。于是，一部分人随即变成了原始本能的养子，弄得报纸的社会版挺热闹。

既然如此，干脆像从前的武士那样，只在夏天里，到丸之内出勤的所有上班族均可带刀上班，让他们享受一下"利刃三昧"的气氛。

在挤满人的电车上，各人西装的腰部都挎着"村正"刀或者"正宗"刀，咔嚓咔嚓地碰撞着。人们仅此便能体会难以言表的、地道的夏天感觉了吧。

像这样有许多人挎着日本刀走路，小不点的小刀之类，就完全失去了威力。利刃变得不稀奇了，不过是夏天的风物诗而已。

"如果今天也谈不成，就把那家伙一刀劈了吧。"

工会委员长抚刀心想。另一方面，社长也抚着"虎彻"名刀心想："看今天集体谈判的情形，不行就把他劈了。"

彼此都是精明人，当然不至于真要动刀。但假如你要得到"日本人真是文明人"的证明，我觉得莫过于让大家重新佩带日本刀。其结果，也许刑事科的夏天统计会为之一变：恶性犯罪的曲线陡降！因为罪犯也是惜命的。

妖魔鬼怪的季节

在六月歌舞伎剧场的后台走廊，我拉住一位男旦说：
"终于来到你的季节啦。"
谁知他用一贯的哀怨纯情眼神瞥我一眼，回答道：
"你说什么，作家先生？是说梅雨吗？"
"不，是说妖魔鬼怪的季节啊。"
我这么一说，那大个子男旦怒气冲天，使劲在我后背拍了一下。害得我要背痛两三天的样子。

孔子装腔作势，"不语怪力乱神"，这跟现代科学工作者标榜不碰心灵现象几乎一个样。明知不能全盘否定，却害怕不慎踏入这个领域，社会信用会大跌。不只是在心灵现象方面，在"飞碟"问题上也是这种情况。科学工作者在"飞碟"上的态度，我只能认为是狡猾。我曾跟石原慎太郎先生和黛敏郎先生一起，同为"飞碟研究会"的会员。去年夏天，我们跟众多飞碟迷一起，在日活酒店的楼顶，一门心思地等待总也不来的飞碟，用望远镜观察了好几个小时。

把飞碟算作"怪力乱神"，诸位认真的会员恐怕要生我的气了，所以，我说说最近听到的一则"怪力乱神"故事吧。那可能是修验道信徒集会的场合，A君无心之下参加了，是他直接告诉我的。

A君是个爽快人，柔道三段；其为人一是一、二是二，丝毫不含糊，我们不妨相信他说的事情。

某日，A君在涉谷车站偶遇昔日同窗，彼此交换了名片。老同学供职一流贸易公司，若是在傍晚，去喝个小酒没问题，但此时刚过中午，A君便邀他"喝个茶吧"，老同学想了想，说道：

"我现在赶着去参加一个重要聚会，你是信得过的人，你跟我来，别说话就是，好吗？"

问是个什么聚会，老同学也答不上来。A君一时止不住好奇心，就跟着老同学上了出租车。

出租车开向世田谷，在一所不起眼的房子前停下，A君跟朋友一起进屋，看见宽敞的客厅里坐了五六个男人。大家交换了名片，看来都是一流公司的年轻员工或铁厂负责人，全都是一般的社会人，A君不禁有些失望。

大家都在说悄悄话，诸如"在某个地方见到了某人""我是在何时何地遇上你的"之类。A君听着，觉得有点儿不对劲。似乎他们说的，并不是真的见面、相遇。什么大阪的人跟东京的人两分钟之后在名古屋相见，实在是难以想象的事情。

有一个人这样说道：

"上次印度来的女人说了什么？"

"是'萨拉玛瓦库'吧。"

"没错，是'萨拉玛瓦库'。那女人挺漂亮的，大概多少岁数？"

"哦，我记得她今年是二百六十二或者二百六十三岁吧。"

A君顿时感觉不对头：太奇怪了！在东京市中心，几个穿西服的公司职员大白天胡扯什么呀？

"Y先生还没到啊。"

"Y先生总是迟到。"

大家说了一会儿Y先生，当中有一个人说肚子饿了，于是叫了小笼荞麦面。每个人面前都分发了面条和汤。A君也饿了，要吃面条，可刚才就在跟前的汤壶没有了。他正觉得奇怪，宽阔的桌子对面，有一个人大喊起来：

"哇！又成了！汤又集中在我这里了！"

A君一看，汤壶全都集中在那男子跟前。于是重新分配了汤壶。A君别扭地吃完了荞麦面。众人一边吃荞麦面，一边聊起了高野山的N和尚。

"N和尚的意念力厉害啊。飞过的乌鸦、麻雀呀，他喊一声就会掉下来。"

"好歹人家在战争中用意念力就打下了两架B29啊。"

A君忍不住想调侃一下，问道：

"可以让我见识一下这种意念力吗？"

"很容易，"铁厂负责人说，"不过，挺久没玩了，怎么好呢？要是茶碟什么的，应该行。"

铁厂负责人把茶碗拿开，将茶碟放在跟前，然后他端坐不动，手上结印，开始念咒语。A君瞪大了眼睛看着这一切。铁厂负责人渐渐身体颤抖，面孔通红。

一瞬间，那茶碟在A君眼前飞升起来了，又往房间尽头的隔扇处飞去，撞在高高的格梘上，发出响声，啪地掉到了榻榻米上。A君大受震撼，仿佛浑身被浇了一盆凉水。实际上，修验道的意念术中有种种说法，诸如意念飞火盆、单指移土仓之类；A君事前完全不知道，效果正佳。

A君掩饰着慌乱，提议道：

"有这样的灵力，为何不到银座中心去展示呢？那么一来，肯定名声大震！"

众人却七嘴八舌反对：

"我们的修行只对个人钻研有价值，绝对不是用来表演的。"

A君也卷入了讨论中，大家讨论了个把小时，这时大门口报客人到，Y先生走了进来。

据说，这位先生脸色苍白、目光炯炯，束发，其风貌有点儿令人联想到芥川龙之介。

老同学向进来的Y先生介绍了A君，Y先生定定地盯着A君，这样说道：

"噢，挺好的小伙子。但是，人家让你看了修行，你说出'为何不到银座中心去展示'这种话，有不谨慎之嫌。"

前一小时Y先生不在场时说的话，他竟然知道！A君被他的灵力吓了一跳。——以上内容不妨视之为盛夏夜话。

然而我的直觉是，怪力乱神可能真的存在于某个地方。有时正做着事，忽然感觉自己被怪力乱神攫住了。不过，这世上存在理性分不清的事情，丝毫不是理性的耻辱。认为理性是与洗衣机、电冰箱一样，是让生活更便利的工具，这不是真正理性的人。所谓真正理性的人，是对理性自身怪力乱神的作用真正感到害怕的人。

肉体的脆弱

有一次，我因为担任了健美比赛的评委，前往大矶的"长滩"。其实我今年也想参选"日本先生"的，但那是不可能的奢望，以我这身板，也就配在评委席上凑凑数。

在灼热的阳光下，年轻人们依次现身，抹得油光闪亮的身体展现在跳台上，个个隆起饱经日晒的肌肤。这壮美的一幕，令人切实感觉夏天是男人的季节。我不停地打着分，这时，现场报道员手提录音机，来问我各种看法，最后，他提了一个挺失礼的问题：

"先生，您羡慕他们这样的身体吗？"

于是，我答道：

"我一点儿也不羡慕。对肉体而言，个性是很重要的。虽然我身板不行，但还是想有点个性。"

我随口淡淡说了。我这样说，并不是不认输，这是我最近的开悟。我过去也很羡慕魁梧的人，此刻面前出场的各位健美人士，也绝不是天生就是这样的身体，同样是因为羡慕开始健美运动，从而成功达到这样的健美体态的。我自己不好说成功了，但我也有相应的自信。因为我百分之百尝试了自己肌肉的可能性。

我自认为很了解健美运动的感受——从羡慕出发，到有了相应的自信；但是，社会上也有许多人一点也不明白这样的感受。

大夏天里大咧咧走在街上，T恤衫袖管里的胳膊，就像悬吊着两根竹制"老头乐"似的。才三十左右，就以大腹便便为荣，猛灌啤酒，拍打着大肚皮，做豪放状。再有，用西装包裹起可怜兮兮的肉体，靠着一张面皮充小白脸，认准女人会买他这张脸的账。说到男人的肉体，只要男根粗壮就行，其他部分不是问题，这种想法尤其在日本男人中占支配性地位。为之火上浇油的，是女人对男人肉体无定见，艺伎在宴会等场合夸"哟、好棒的体格"，绝对是大胖子那种脂肪沉积的不健康身体。

但我也并不主张不分青红皂白，所有人都应该拥有媲美一流健美运动员的体格，或者百分之百具备体育专业人士的运动机能和柔韧性。轻易就能翻跟斗，这不是所有男人都必需的。但是，我认为，所有男人都该有一定程度的精神教养，一定程度的肉体教养也是必需的，拥有健康结实的肉体，是一项社会礼仪。社会只是担心精神无教养的年轻人的暴力，而统治阶层知识分子的肉体无教养也十分严重。

不用说，肉体是脆弱的，首先，在当今世上，光凭身体是一文不值的。加上智能方面是随着年龄增长而累积起来的，身体方面却是自三十多岁起就一路衰退下去。值钱的，是某种形式的智能。既然是这样，男人便直盯着智能了，既值钱又耐久嘛。可我就是瞧不上这种人。因为人生仅有一次，是否该看重一些脆弱的东西，将其打磨一番呢？肌肉看起来分明，其起伏形状虽强而有力，但它象征着人类存在中最为脆弱的东西，我于此中看见了人的美。与肉体相比，人类的精神性产物或事业、技术，远为持久。但是，把短短一生只用于持久的东西，总感觉有些卑微。轻蔑肉体，是轻蔑现世。为此，基督教僧侣在我看来卑微、丑陋，乃是没有办法的事情。那件完全包裹住肉体的黑色僧衣，是精神宦官穿的，而不该是男人穿的。基督尽管消瘦，光是赤裸着这一点就更强。

希腊人真是伟大。希腊喜剧诗人埃庇卡摩斯[①]在其诗《人生四愿》中，将其中一愿歌颂为获得美丽的肉体。希腊人因追求美的热情，必然希望自身是美的体现者。为此，向神祈愿、锻炼肉体。希腊文的"体操"（Gymnastike）与今天的体育理念不同，据说是一种为成就美的宗教式行为。

斯巴达的青年人必须每十天在监督者面前展示一次裸体。若有一丝肥胖的征兆，监督者就下令要更严格注意健康。多不显眼的赘肉都不允许，这是毕达哥拉斯的戒律之一。身体的缺陷全都小心避免。据说亚西比德[②]年轻时，因担心有损形象而没有学习吹笛子，雅典年轻人争相效仿他。

在今天，这样的想法已经作为奇谈怪论被拒绝。自从精神分析学这种花架子学问产生之后，知识分子都受其影响，使用黑社会的分析语言来解释古代民族表现的率直而自然的人性。所以，一群大腹便便的中年绅士，后来者自然也以大肚皮为荣，可当有那么一个人因丑陋而羞耻，满心要开展跳绳和腹肌运动时，他们就取笑他"不像话"，"不瞧瞧自己贵庚了"。在艺术家和学者的世界里，因为大抵由衰颓的肉体掌管，所以弟子们也都模仿他们，全都一副病恹

---

① Epicharmus（约前530—约前440），希腊诗人、喜剧作家。
② Alcibiades（约前450—前404），雅典政治家、军事家。

恹的蜡黄面孔，捧着外文原版书。要说懂五千个法语单词和胸围一米一哪个棒，我是难以决定的，但社会绝对判懂五千单词者获胜。

当老婆的肯定也是这样，尽以无聊的事情自豪："我老公这回要升科长啦"或者"我丈夫也买车子了"，从没听有人自豪地说过"我老公胸围一米一哩"或者"我老公的上臂三十八公分呢"。这样的事情，是女性的大错，因为男性是按照女性的喜好行动的，所以他们就不再费心把胸围扩大十公分，而只热衷于当科长、买车子了。其结果，女性就失去了一个完全的男性。

男人的肉体是脆弱的，不值一文，没有社会价值，谁也不屑一顾，孤零零……充其量出席一下健美比赛，替别人增加一点趣味而已。在现代社会，肌肉这玩意，只不过是可怜、滑稽的角色。正因为如此，我就要在肌肉上面使劲。

让别人干等着

世界拳王帕斯夸尔·佩雷斯经常在比赛中玩弄花招，让对手急不可耐，破坏对手的状态。在世界锦标赛上，他的对手米仓也是急不可耐，太可怜了。

可是，人对人的时候，总是冷静的一方取胜。或者，是较少热情的一方取胜。这是人际关系中的冷酷法则，人生并非凭着"热情和意愿"行得通。信奉一股热情干到底的男人，有多少失败者！

《新潮》杂志刊出的日记里，作家宇野千代[①]写了有趣的事情：某女子以为唯有在恋爱上，自己是即便遭抛弃也不顾一切穷追不舍的女人。其实不然，那是她本性的体现。即便做起生意来，就要失败了，她也会像恋爱中那样，不顾一切地穷追不舍吧。

百货商场或者车站前之类的地方，经常有许多人在等人。读者有闲的话，不妨混入其中，测算一下每个人等待的时间。假如有女子等了二十分钟以上还没有离去的意思，不妨认为她与要来的他有肉体关系。这当然是很概括的说法，但若男子需等个二十分钟以上，则不妨认为，那男子与要来的女子之间，尚未有肉体关系。十中有八九，有肉体关系前的女方强势，有肉体关系后的男方强势，这样的法则亦即胜败，不妨认为很好地体现在等待的时间上了。人群中，恐怕也有约定取回出借的照相机的人吧，这上面显然也有胜败之分，若归还者无心、收回者有意，则无心者胜。等待者必定是失败者。所以，我很讨厌成为等待者，但人生也有无奈。

"热情"这玩意挺讽刺的，到头来总是热情者吃亏。例如有某男迷恋上某女，太入迷了，女方就觉得有点纠缠了。男方也不笨，希望挽回颓势。关键是，在下次约会时，让她等个二三十分钟就行。实在是简单至极。在她看来，迄今穷追不放的男子突然让她等二十分钟以上不露面，她心里空落落的，过饱的状态突然变得饥肠辘辘，心中不安起来。

她开始想："莫非我是喜欢他的？"

男子此时出现必胜无疑，可以一举挽回颓势。然而，这种场合的男子，是绝对做不到让女方等待二十分钟的。与其看她不耐烦的脸色，还是反过来自己等三十分钟吧，于是他的下场越发地不堪了。

如果你是个独身人士，某个傍晚怀揣一大笔奖金出门，浑身充满难以抵挡的精气神，西服笔挺打扮得体，自信满满："好吧，我今晚得泡个好妞！"

在这样的晚上，你绝对泡不到妞。原因就在于：是你在"追求"。

反过来，你身无分文，因宿醉而胃难受，既无食欲也无性欲，处于想都不想恋爱的状态，茫然走在大街上。这种时候，每每就有很棒的女孩子上钩。理由很简单：因为你无心。

人生万事就是这样，据说推销员的秘诀是看上去不想卖。人之

---

① 宇野千代（1897—1996），日本小说家。

所以被推销就不想买，就因为这是人的本能：当你面对一个失败者、面对失败者卖的东西，你就感觉不到魅力了。

想要的没有，不想要的有，这是人生的不变法则。那就反其道而行之嘛，可人只有一颗心，对自己想要的东西表现得无动于衷，毕竟很难。所以，最终你就会想要，而你想要的，却溜走了。

而且人生有种种领域，情场得意者可能在事业上一再失败，情场失意者可能因此奋发而事业成功。这世上最不靠谱的、最世俗成功的，莫过于于连①型的男人了吧，既长得帅又野心勃勃的类型。因为美貌所以恋爱成功，但在男人的社会里，人家会吃醋、排挤你。因为被排挤，所以野心更加旺盛。野心越是旺盛，成功越是躲着你。

然而，人生中难的是，胜利者总要品尝幻灭。这是因为人不把价值放在已拥有的东西上面，只想获得未曾拥有的东西。所以，情场得意者对爱情幻灭，心想着"啊啊，就算没有一个女人爱我，我也想当大臣啊"。大老板也有大老板的心事："啊啊，就算没有这十亿八亿财产土地，如果我是那边的帅哥，所有女人都对我心生爱慕，那该多幸福啊！"

于是，我就想研究一下，一个在人生各方面都无往不胜型的男人。他是一个被动型的男人。

一个女人过来了。他完全没感觉。于是女人焦急了，迷恋上他了。他也以"反正肚子空空，权当是茶点吧"的心情，接受了她。女子越发入迷了。他越发不起劲。由此，他在这次恋爱中大获成功，成为绝对的胜利者，可他回味的东西，却只是有点儿茫然、无任何刺激的空气而已；恋爱的美酒，被恋爱失败的女子饱尝。也就是说，

---

① 法国作家司汤达的小说《红与黑》的男主人公。

恋爱以胜利者不知滋味而告终。

因为什么都不想要，就什么都来。汽车也好、房子也好、财产也好、地位也好，因为都不想要，就纷纷到手。不想要钱，钱就来了；越不想要，钱就越多了。然而，拥有一大堆不想要之物，一点也没意思。加上不想做社会公益散财，钱财没可能减少。

人生有趣之处，是到了这一步，绝对胜利者看起来就是绝对的失败者。他完全心不在焉，只是机械地获胜了。一点也不想赢钱，只是去了赌场，逢赌必赢，一下子成了巨富，这难说是胜利或者成功吧。

要人家干等的人，是胜利者、成功者，但未必是幸福的人。可以说，在站前等待的人最明显地表现了因渴求而幸福着的形象。

不以人为镜

众所周知,古有格言"以人为镜,反躬自省",意思是"看见别人的怪癖、恶习,就反省自己,改掉自己身上类似的怪癖恶习",这是很有道理的古训。

且说两三天前的晚上,有人惊慌失措进门来,一边擦汗一边说:"哇!那边我看见了不得了的东西!"

听他这么说,谁都会疑心他是见鬼了吧。

在夜晚十点钟的街市上,他遇上了一名妙龄女性,她一身透明薄布——不知是长衬裙还是睡裙,内裤以外的部分全都透明可见,就这副样子走在大马路上。据说那人毕竟羞于被人看见吧,沿路边瑟缩着身子,匆匆逃去了。对这种事情我也挺吃惊的,推测她大概是去近处洗澡后回家吧。

说来,在去年夏天,我也曾在新宿遇见过不可思议的事情。

记得是在新宿第一剧场附近的小巷子里吧,一边是高架桥挡在高处,有些晦暗,但还不是行人绝迹的时刻。巷子里走过来两名亲密的妙龄女性,二人都穿着木屐。说来就像是鬼怪故事《牡丹灯笼》似的,她们穿的是西式高腰睡衣,几乎暴露至大腿根。这也是大马路上难得一见的奇观了。也许是她们买了那阵子大流行的西式高腰睡衣，就很天真地想，既然都买了，就穿出来显摆一下吧。

我们且回到"以人为镜，反躬自省"吧。形成这句格言的时代，应是挺安稳的社会，而现今已经远远发展了，这样的格言行不通了。身穿全透明的衣服走夜路或者穿着高腰睡衣外出的模样，就仿佛走夜路忽遇外星人，出乎人类智慧之外。即便想要"以人为镜，反躬自省"，实际根本就超越了这样的意识。

所谓当代，正是这样一个时代。

所以，应该反过来用这句格言，订正为"不要以人为镜、反躬自省"，这样就成为一句时髦的格言了。

"就算那人打扮成那样子，我也不为所动。"

这样想，就是这句时髦格言的精神了。这里面，不如说是体现了不安于已有秩序、要以自己的方式创立新秩序的积极态度。这种时候成为"镜子"的，总是最为极端、最违背常识的那类人。这里头有现代离经叛道者成功的理由。

"那家伙向皇太子马车扔石头啊？了不起啊。我这个砸国营列车车窗的，差远啦。"

"听说那个人朝变心男人脸上泼硫酸呢。看来，我这个前往变心男人婚礼、朝结婚蛋糕甩番茄酱的人只是一般般啊。"

一切典型犯罪、极端犯罪都成了榜样、标准，让自己有点出格的行为正当化，这是当今时尚。然而，因为不是任何人都能、都敢成为犯罪者，所以，人们装成恶人的样子，自我安慰一番。

我觉得，这样的时尚也并不是一概不好。文艺复兴时期的意大利也曾经是这样。因为犯下大罪也是人的能量所致，所以很受尊重。

王公贵族被毒死不稀奇，天才同时也是大坏蛋。和"向善的秩序"一样，也有"向恶的秩序"，所以，并不像头脑僵化的道学者所认为的，恶马上导致社会不安和无秩序。恶反而也能达成社会秩序。

"既然他都能那么干，那我就更加……"

这样想，属于积极的意愿。

"假如那家伙就干那么一下，我就啥也别干了吧。"

比起这一位，前面那位至少强一些。

举一个例子：家长教师联谊会的大婶和文部省在嚷嚷，说电影或者电视对于少年犯罪起了很大的影响作用。然而，少年人对作恶和杀人有兴趣，是怎么也抑制不了的人类本能，其中的百分之几会是成功的犯罪分子，其余大多数是失败的犯罪者、回头是岸的犯罪者，也就是说，成为了有常识的成年人，这一历程，社会上的成年人全都忘了，或者闭口不提了。这世上不存在没有恶的电视剧、没有否定一面的电视剧。即便是童话故事，也必定出现坏蛋，所以格林童话之类，有极残忍的一面。

在此意义上，就算为孩子着想，把恶逐出电影、电视，孩子们也不会仅仅满足于"清纯的家庭剧"，肯定会悄悄去看警匪片。

从教育的角度看，比起我们小时候，现在的孩子好得多了。之所以这样看，是因为从少年时代起，现在的孩子就饱经"恶"的磨练。

他们已在电影电视上见惯了恶人，出到社会，对大人们的社会之恶就不大吃惊，对"恶"有免疫功能，能够早早明白，类似"月光假面"[①]的正义感是多么无能为力。所以，我与家长教师联谊会的

---

① 日本系列电影的主人公，戴有月光标志的面具行侠仗义。

意图相反，认为应当更多地让孩子们看恶人得势的电影和电视节目，然后让孩子们自己研究如何与恶相处。

孩子的想法是个可怕的东西，科克托①写的法国中学宿舍故事中，有这么一段：

老师对投诉朋友自私自利的学生们说："你们必须养成自己处理问题的习惯。"岂料第二天一早，就发现了那个自私自利学生被处绞刑的尸体。这个讽刺的例子，说明孩子们是如何生吞活剥成年人抽象的人生教条，直接把犯罪正当化。

那种时候，如果大人对孩子们说"岂有此理，你们绞死他吧"，会怎么样呢？我觉得，恐怕孩子们就察觉了"恶"的极限，从这一自觉出发，唤醒属于孩子的理性，知道不能那样做了吧。孩子们认为自己可以免责，都遵循大人的道德观，最终甚至突如其来杀人也说不定。这一点，其实孩子也好青年也好，都是一样的。

---

① Jean Cocteau（1889—1963），法国诗人、小说家、剧作家。

时髦催眠术

《第二记忆》①这本书，是美国一位普通企业家写的记录。他很偶然地接触了催眠术，很感兴趣，不时在朋友的太太身上实施，让她慢慢回忆起从前。在这个过程中，他最终使她上溯到前世，发现自己在十九世纪初居住在一个爱尔兰小镇上。

这份记录似乎还不充分可信，但若真有其事，运用催眠术这种科学方法，可以弄清楚超自然、超科学的世界，证实佛教的轮回之说。

随心所欲地影响他人的意志，肯定很有趣。归根结底，政治也好、艺术也好，其意图都一样，是影响他人心思的乐趣。但是，这样的活动也有规则，影响对方的心思必须是明确唤醒了对方的理性。在这一点上，政治或艺术有其光明正大的地方，有惊险，也用心良苦。像某人小说写的那样，灌女人安眠药，从而得手，这种手段违反规则，这样做臭不可闻。催眠术和莫扎特的音乐、印象派绘画、议会政治……在"影响他人心思的乐趣"这一点上，这些东西应在一条线上，但催眠术之所以特别被认为可疑、要当心，就是因为它违反规则的嫌疑甚大。

然而，我考虑的是：所谓人的理性，谁确定它存在呢？恐怕是康德先生决定的吧。先有古典理性的思想，再在其上订立规则，然后就有违反规则了。如果认为人类并没有什么明确的理性之类的东西，催眠术也就变得有疑问了。要说是为什么，进入二十世纪之后，对理性的信仰变得有疑问了。有理性的人类，怎么就上了纳粹宣传神话的当，开始了犹太人大屠杀呢？谁也不能很好地回答这个问题。

明明有理性，也没吞服安眠药之类的东西，都成了那种状态，理性这玩意显然靠不住。明明是清醒的，却轻易被骗上当，真不明白为什么要头脑清醒？假如头脑清醒也被人家随意左右自己的意志，干脆中催眠术，被动受影响更好。假如是这样，也不用担心事后被追究责任了。这么一来，也不能一口咬定违反了规则。

催眠术的流行，恐怕在深层次上顺应了这样的现代风潮。

而不论是施行者或者接受者，不觉中都抱着逃避自己责任的愿望。这也极适合当下。抛弃责任这类沉重负担，希望照他人意志行动这种迈向奴隶化的愿望，深藏于现代人内心的一角。不必摆弄政治呀艺术呀那些繁琐的技术手段，只在人面前伸出手，嘴里数着"一、二、三、四"，就能让对方入眠、随心所欲控制对方，这样的想法完全适合繁忙、怕麻烦的现代人。

据说，这阵子电视上有一种播放"看不见的广告"的技术。当电视屏幕以肉眼几乎看不清的速度，一再播放类似"三岛肥皂必用！""三岛巧克力最棒！"的文字时，一心观看夜场棒球赛的人脑

---

① 即《寻找布莱蒂·墨菲》（*The Search for Bridey Murphy*），美国人莫雷·伯恩斯坦（Morey Bernstein）1956年出版的畅销书。

子里，据说不知不觉间就铭刻了"三岛肥皂""三岛巧克力"，然后第二天不经意走过杂货店、点心店前面时，会情不自禁止步说道：

"哦，我买一块三岛肥皂。"

这类情况，是头脑清醒之下被无意识的世界所支配，是令人讨厌的事情，但一旦理性信仰崩溃了，被意识所支配与被无意识所支配之间究竟有何区别，就变得暧昧不清了。

经常听说有所谓"电波病患者"，患者诉说晚上睡觉时有电视电波或者收音机电波贯穿身体，弄得心情糟糕睡不着，而事实是我们平日都受到眼睛看不见的电波影响。在此之上还有宇宙射线等等不断倾注下来，无从防范。如果下雨，雨中包含了太多看不见的放射能。也许喝杯牛奶，也含有放射能。除此之外还有看不见的细菌呀什么的……如果这些都看得见，我们的意识全都可以感觉到，在现代，全世界人都得发疯了吧。

考虑到这样的情况，"现代"也可以说是"催眠术的时代"了。

大众传媒的所谓威力，也因存在想接受催眠术的大众，才能成立。一方面是大众传媒不停喊"美智、美智"[①]，另一方面是大众对迄今毫无感觉的名字一下子就开怀接纳了。再加上大众传媒的巧妙之处，是用催眠师独特的、亲切和缓、甜美动人的声音，而绝不是命令式的：

"您若不需要，请关掉开关。不想要的话，可以不买这份杂志或报纸。因为我们只对爱听收音机、爱看电视、爱买报纸杂志的人呼吁。"

绝对是委婉、谦恭的态度。

---

① 平民女子正田美智子1959年与明仁皇太子结婚，受到日本国民欢迎。

综合这些因素，不得不认为所谓独裁政治、恐怖政治之类，已经完全老套了。一味高压命令、驱使他人，既花大力气，也很麻烦，也就需要庞大数目的军队、秘密警察……与其那样做，委婉提议，使人没有抵触地"洗脑"，应是捷径。而且"洗脑"技术越发进步了。与此同时，规则之类的东西，就变成遥远的童话了吧。只是，我这人顽固别扭，既不想接受催眠，也不想催眠别人。不知不觉间被施以催眠术，极不痛快。既然当今但凡人都在某种形式上被施以催眠术，有必要适当减少一点人性特色吧。

于是我联想到猫。首要的是向猫学习。动物之中，以猫最任性，绝不顺从人意，最是冷漠薄情了。猫恐怕是最难被催眠的动物。所以我打算学习猫，尽可能冷漠寡情、无兴趣、独来独往……只为得到鱼才可爱地"喵喵"几声。

语言之毒

在戏剧里，他人的谗言或背后坏话往往被作为重大的、戏剧性的契机。奥赛罗也相信了伊阿古的谗言，才杀害了爱妻苔丝狄蒙娜。作为嫉妒的直接动机，戏剧里使用了妻子的手帕作为私通的证据，但是，仅此物证太薄弱了，如果不是伊阿古的恶毒语言如有毒香水般浸透了这方手帕，恐怕奥赛罗也没有那么轻易就相信妻子不忠吧。真正有力量的，是语言里头的毒。

就像从前有所谓"言灵信仰"一样，语言里面潜藏着巨大的力量。语言的力量是千奇百怪的东西，例如报纸刊出最大字号的标题：

池田内阁断然实行大换班

对此，一般国民却感觉不到任何冲击力。你不妨试试口中念念有词："池田内阁断然实行……"这样的句子，也没啥魔力。空洞、轻浮，一下子就消失在耳后。然而，即便同为日语，你的朋友若对你低声耳语："哎，当心啦。科长这回调整人员，好像盯上你了。"这回的低语可就以数百倍惊人之势，轰然而来了。

至少新闻报道是以事实为根据的，要推出这样的标题，肯定有充分的根据。而与之相反，朋友的话并无任何根据，也许纯属八卦。却具有数百倍的效果，由此看来，不妨认为语言与事实，或者说语言与现实之间，并没有那么密切的关系。

语言的力量立竿见影，如同怪物一般，是在触及我们自己内心的场合，而且是出自第三者的场合。

"A君说，你这个人挺讨厌的。"

只是被人这么一说，也没有任何证据，我们就开始憎恶A君了。

"您觉得B女孩特纯情吧，可听说她在你之外，还跟两个男的交往呢。"

假如你钟情于B女孩，这种话里的毒，就具有极大杀伤力。

"据说某某工业公司的股票不行啊。"

这样片言只语的小道消息，不知不觉中也有很大的力量。流言蜚语之所以比任何收音机里的新闻都传播快、影响力大，就因为它们是"语言"。也就是说，流言蜚语往往不是立足于事实，而是立足于我们心中的期待或不安，它天生就是巧妙地诉诸这样的期待或不安的。这是语言这东西具有的幽灵般力量的典型表现。

"这可是事实呀。"

这种自我宣传的话里头没有什么力量。这就跟开口先说"我说真的"一样，从一开始就令人扫兴。这里头有语言这玩意奇特的、幽灵般的、活物似的力量。

"只是小道消息哦，C社长就要退位啦"这种说法，对当事人而言，就比说"据可靠消息，C社长要退位了"更加令人震惊。

想来依赖语言过活的人类社会，也可以说，就是一个任由这样幽灵般的、活物似的语言飞扬跋扈、误解重重，抱着幻想艰难存活下来的集体。作为小说家，我很清楚这样的语言的毒性。

"只是说说而已啦。是编出来的啦。"

这种说法，是小说的招牌，不过，也正是为此，可以充分地向读者渗透语言的毒素。阅读小说的乐趣，也可以说，就是明知对自己没害处，在这个保障的基础上，让语言毒素充分渗透全身的乐趣。

经常有直愣男子对人说极其失礼的话：

"你的鼻子扁得真够可以的。我见你老爸，确实有好多佩服的地方，起码你老爸的扁鼻子还好看点。"

"不是说，你每天出门，从老婆手上领一百元吗？百元丈夫很时髦嘛。作为男人不觉得羞耻吗？"

"你家脏得够可以的，简直就是贫民窟！我连句奉承话都说不上来了。你竟然还能够在那种地方过日子！没有臭虫么？"

"你家孩子都一个模子，全是大饼脸！即便是男孩子，到一定年龄他就知道烦恼了，就会恨你哩！"

这家伙如此口不择言，之所以被认为无毒无害、受欢迎，就因为他是当面说的，我们当下有所抵挡，穿上自尊心的铠甲，一笑置之。也就是说，当面说的坏话之所以毒素少，乃因坏话的对象也可以在当场拥有某种主体。

那么，从第三者听来的背后坏话又是怎样的呢？

"那小子宣扬说，你是个扁鼻子家伙哩。"

听到这样的搬弄是非，我们完全失去了主体，猝不及防，可以鲜活地想象出自己一个人成了别人取笑对象的情景。

对于"我不在场时成了笑话的我"，我无能为力。那是可怜、孤独、被抛弃的我。我一下子被置于想象这样的我的境地。

那么，这个"我"是怎样的呢？被完全剥夺主体、在社会上任人踢来踢去的"我"，是怎样的"我"呢？

实际上，那才是我最不想见到的我，是没有夸张的、我的真实样子吗？

这样看来，开头所说的语言与事实或者现实没有密切关系这句话，似乎就有必要订正了。搬弄是非的语言、饱含毒素的语言、毫无根据的语言……可以说，这样的语言，才是我们不愿看见、残酷地展示了我们真实情况的。伊阿古搬弄是非说苔丝狄蒙娜不忠，这不是事实，是不存在的。可是，伊阿古搬弄是非使用的有毒语言，可谓准确地挖掘、展示出了高洁的奥赛罗（而不是苔丝狄蒙娜）的人性弱点和真实状态。

隐瞒已婚有子

我听说有这么一个事情：某电影演员老早就在法律意义上结了婚，甚至有一个上幼儿园的儿子，但电影公司担心他作为招牌帅哥失去支持者，命令他隐瞒，所以他迟迟不能公开自己已婚，孩子在外也不能喊他"爸爸"，代之以喊"哥哥"。

这实在是有点难以想象，上幼儿园的孩子渐生疑问："我为什么不能喊爸爸为'爸爸'呢？"终于，在某个夏日，在海滩上，他对影迷围绕的爸爸喊道：

"爸爸！"

以此为契机，这位演员也下决心以孩子的将来为重，说服了公司的大人物，得以公开举办了婚礼，父子间可以光天化日之下喊"爸爸""儿子"了。实在是一个令人眼含热泪的故事。

然而，我听了这个故事，心里却浮现某些人的嘴脸——甚至都有三个孩子了，这种人还在银座或新宿的酒吧里若无其事地说："我么？我还单身呢。"

我的朋友中，也有这样的人：明明家中已有读中学的女儿，平日还一副单身青年的做派，在常去的酒吧被揭穿"那家伙已经有老婆孩子"时，大家都难以置信。

这种人的单身演技，与前述电影演员的单身演技完全不同。

电影演员的单身演技，是以全社会为对象的演技，是从早到晚不能有一刻松懈的、紧张的演技，否则马上露出破绽。那是社会与他的战争，他一方的人只有妻子和孩子。而且，这样不自然的演技还要强加到他无罪的孩子身上。他真想早一刻向社会宣布：我不是单身，我有妻子，也有孩子！这样一来，他可就一身轻松了吧。

而社会上有一种"酒桌上的单身者"，是不一样的。酒桌上的单身者不需要自己家人付出牺牲。那可是轻松自在一人分饰两角，在家里享受一家之主的地位，在酒桌上享受单身者的好处。正可谓人生中"只取其所长"！只要他不错误地走到"骗婚"那一步，他就可以没有精神负担地年复一年玩这一人分饰两角的把戏。

似乎在女性看来，不管脑袋有多秃，单身男子就是某种可能性的化身。对男人来说，单身有多少好处自不待言；就连我，也是一结婚，女性读者的来信就剧减，让我大为沮丧。

但是，明明有老婆孩子还要硬装单身的男人，也让人觉得贪婪、卑鄙。最理想的是成为这样的男人：行事风格不躲不藏，不在乎人家知不知道自己有没有老婆孩子，而女性一方又不便特地发问"你有孩子吗"。这样的风格太难了，不是靠技巧能行的。

拜好事的媒体之赐，我们小说家一旦结了婚、有了孩子，就无法对外隐瞒了，但我们这种人还想拥有的，是男性的孤独感。

作为同性，当我看见丧失了孤独感的男人时，就不禁愤愤然。这种孤独感，是男人威严的根源；不妨说，丧失了这种东西，就不是男人了。不管他是有十个孩子、三个老婆什么的，那反而更添他身上的孤独感。通俗点,若说是西部片《原野奇侠》①那样的孤独感,就能明白了吧。

男人身上必须有孤独岩石似的地方。井上靖小说的主人公之所以受女人欢迎也是这一点;即便不是那么戏剧性的英雄,是更滑稽的方式,也充分存在着男人的孤独感这东西。

这阵子,炫耀孩子的年轻男子多起来了,这做法挺不像话的,叫人受不了。大概是学了美国人的作风吧,无论对谁,都爱掏出自家孩子的照片给人家看。我看见这种男人,心里头就生气:这小子咋搞的,自愿失去男性威严,一门心思全都在尘世生活中?"自家孩子好可爱"之类的情感,应属于私密情感,是不该对别人流露的吧。不,要说私密的话,或许可以悄然得到别人的共情,但严格说来,"亲子之情"完全是个人的东西,不应诉诸别人的共情。

在现代,"男性孤独感"也许不妨叫做"职业孤独感"。从前,那是把妻子留在洞穴,自己外出狩猎,孤身游荡在山野的孤独感;但现在的狩猎,则是个人的职业。

新闻记者、公司职员、相扑运动员、拳击手、相声演员……如此各种各样职业的男子,在专心致志于职业时,还原为"本质上的单身者",而不是"扮演单身者"。即便是舞台上的相声演员、拳击台上流血的拳击手,也都是这样。与这些相比,"酒桌上的单身者"属于最差劲的,上这种人当的女人,是咎由自取。

女人毕竟是女人。她们只从功利角度看男人,眼中只有法律上的单身者,上当受骗,鸡飞蛋打。她们无论如何不愿接受上述男人

---

① 1953年上映的美国西部片,主要剧情为小伙子肖恩被乔治家雇为帮工,帮乔治战胜无赖,大显英雄本色,但他爱上了乔治的妻子,最终无奈离去。

"本质上的单身属性"。实在是无奈的事情。假如那种男人是别人，就只重视法律上的单身；而那种男人成了自己丈夫，就努力要亲手擦掉他"本质上的单身属性"，然后吓唬道：

"你爱我吗？"

不管结没结婚、有没有孩子，男人就是男人；不，正是结了婚有了孩子，他才更是一个"孤独的男人"——这一点，我大声疾呼女性们更加开明、睿智地看待！

但是，说起来好听，我们夫妻前不久应邀一起去酒吧，要告辞时，本来不说也行的，我却在漂亮女士在场的情形下说道：

"我们得回去啦，家里宝宝等着呢。"

这种拙劣的遮掩，实在让男性的尊严荡然无存。

多发牢骚

人生秉持"事事迁就"的信条，百害而无一利。

"那位说了的，我也没办法。"

"哦，我接受这样的处理也是没办法，就该这样子吧。"

"反正不论我说什么，人家也不会听。"

心里这样想的人，人生中永远是输家，总吃亏不算，还落得个被嘲笑"好人"的下场。

已故的喜多村绿郎①以外号"牢骚绿"著称，他之所以成了大牌演员，有才华自不待言，肯定还有他牢骚不断起的作用。

不发牢骚的人，也是根据人生经验做出了改变。人天生是要发牢骚的。发发牢骚，能多得就多得一点，得不到也不亏，这恐怕是人的天性。证据就是婴儿：婴儿一旦想吃奶，不管三七二十一张嘴就哭闹，不达目的不罢休，绝不会另一头想什么"我不该这样""不给奶吃也有原因"之类。看来，不管不顾地发牢骚，是人生存意志本身的体现。

不过，也有人认为，婴儿因为无能为力，靠自己什么也不成，所以哭闹发牢骚，要求别人帮助。那么，是不是成年人就有力气，靠自己什么都行，所以不必发牢骚？并非如此，细看世间情形就知道，越是有能耐的家伙越爱发牢骚。而且越是有能耐者发牢骚，效果越佳。

能耐也有各种各样。

"喂，怎么扯到我身上啦？"

找茬发牢骚的家伙，是对原始的肉体力量有自信的流氓阿飞，这肯定也会有所得，但算不上什么。因为肉体力量在现代社会没有什么价值。

具备了权力、社会地位这样的东西，才有发牢骚的资格。

当然并不只是那些。男女关系也是一种力量关系，但之所以有充分自信被人迷恋的一方转为发牢骚一方，是因为要发牢骚总需要某种形式的力量。不仅仅是权力或社会地位，工会也发牢骚，是因为有集体的力量。如此想来，婴儿的发牢骚，也许正在于他本能地相信大家把他当成宝贝。

试想一下没有能耐的人发牢骚吧。如果新员工对科长说：

"每月不给我工资的话，我就不工作。"或者："我的桌子旧了，工作不便，实在没有办法。不给买新桌子的话，明天起我就不出勤了。"

结果上司回一句"无所谓"，新员工随即会落得个被解雇的下场吧。

假如老鼠对猫说："你不要整天在那边转悠，发出喵喵的怪声了。如果你不肯改，从明天起，我们每天都在天花板上面开运动会。"其下场恐怕就是从脑袋起被咬掉吧。

---

① 喜多村绿郎（1871—1961），日本新舞台剧演员，擅长反串表演。

假如无名的小说作者带着原稿来杂志社，滔滔不绝地说："什么时候读我的作品？如果不读的话，我就拿回原稿了。"这样只会让对方高兴。

这种人没察觉自己无能为力，还要发牢骚，只能是出洋相，纯粹白费口舌。

然而，发牢骚这件事，还有一种超越"有所获"的无偿快乐。那是一种确认自己力量的欢喜，是要对方重新认识自己力量的欢喜。像偶尔干一架，可认识自己臂力如何一样，有力量的人不尝试发一下牢骚，不能清晰地体现自己力量的存在。于是，发牢骚也是查自己家底；另外，面对发牢骚也许不成的强有力对手时，也要果敢地挑战、战斗。不过，发牢骚也有高潮低潮，但愿已方有绝对胜算。

例如剧团要上演自己的戏，再有四五天就要公演，剧团却不重视作者的意见，任意决定角色和表演，打算就此开场。我想发发牢骚，但所有事情都在推进，我必须得安静旁观一下。

"挺自以为是的嘛。好吧好吧，我且看看。回头他们都得哭丧着脸。"

我心里想着，带着恶意的期待观看，感觉到一种快感：自己有为难他人的力量。大体上，跟让人高兴、让人幸福的力量相比，让人为难、陷于困境的力量更明确具有力量的形式。

一旦"时机到了"，我就声明：且慢上演！作者不满意，撤回剧本！

剧团立即陷入混乱状态，一大帮人拥向迄今被无视的作者，安慰、恳求之声不绝于耳。作者但凡想多享受一点这种快乐，不予点头即可。充分回味发牢骚之类，莫过于这怒容、愤慨表情下的心花怒放了。笑嘻嘻的快乐司空见惯，板起面孔的乐趣才地道。——最终，作者拿捏好分寸，适时拍拍手掌。他受到了尊重、敬畏，权威被认可了。

"我很生气。"

向大众宣布"很生气"的乐趣，才是成年人的乐趣，是有力量者的快乐。

"愤怒的年轻人"（angry youngmen）只不过是羡慕成年人的这种快乐，加以模仿而已。大体上，"年轻人"即便发怒，也没人在乎。

让我们转移目光，看看日本的政治吧。在国内，政治家为各种争斗牢骚不断，弄得身心交瘁，战后却无一人跑到国际政治舞台一吐为快。在战前，松冈洋右[①]表演过"退出国联"的大牢骚剧，但那不过是依仗军部力量、耍流氓式的牢骚。印度尼赫鲁[②]发的牢骚才是正道。印度人狡猾，擅长发牢骚。牢骚几句，宣传自己如何高洁，虽无大用，但通过发牢骚，颇有存在感。

虽不清楚日本是三等国还是四等国，却也不必尽是"反正我是战败国"式的外交，偶尔发发牢骚如何？这么一来，也试探一下自己有多少分量。

[①] 松冈洋右（1880—1946），日本右翼外交官，二战甲级战犯。1933年国际联盟大会谴责日本侵略中国东北，不承认日本扶植的所谓"满洲国"，他作为日本代表宣布日本退出国联，之后日本外交走上与德意结盟的道路。
[②] Jawaharlal Nehru（1889—1964），1947年印度独立后的首任总理。

什么是"吃得开"?

坊间男人们爱嚷嚷"吃得开""吃不开",究竟是怎么回事?这阵子我完全没搞明白。

提起这类事,听来感觉像是对受冷落的辩解,但我好长时间里,完全没有"吃得开"的记忆,所以很无奈。假如被酒吧女孩子恭维一下便是"吃得开",那么,每天晚上带一把钱上酒吧便成,实在轻而易举。管你是秃脑袋缺牙齿,绝对"吃得开"无疑。但我想说,那算什么?弄文字的人跑去演讲,说些讨好女孩子的话,得到鼓掌喝彩,那就是"吃得开"吗?稍有点儿名气,被女孩子称为"老师",有时请你签名什么的,这样就是"吃得开"吗?这些事情完全不具实体,就像路过鳗鱼饭店,闻一下烤鳗鱼香味而已吧。

说来,女人不大说自己"吃得开"。"吃得开"的表达,应是男人独特的劣根性和空想、自我陶醉的表达。因为女人更加势利,所以,仅仅恭维吹捧,女人并不会欢天喜地、忘乎所以。

然而,因为女性机灵乖巧,深知男人希望"吃得开"的心理。她们很清楚,男人尚未习惯被奉承,稍稍被夸一下领带的图案花纹,脑瓜子便腾地充血了。相反,女人则习惯了被奉承,一般的夸奖不能打动她们。

男人若某次被人说了一句"你有点儿像阿兰·德龙呢",他就会带上朋友去看阿兰·德龙的电影。自己本与鲍勃·霍普有几分像,却起劲地启发朋友说:"怎么样?你不觉得那位演员像某个人吗?"

嚷嚷"吃得开、吃得开",也不瞧瞧自己凭什么、因什么理由、在什么情况下"吃得开",这样的自我分析往往忽略不计。在女人方面,也许认为他是滑稽的丑角,为之喝彩。也许只因为他大撒金钱、气势如虹。还可能是把他作为没有危险性、好相处的对手,捧了他两句。或者预测他作为结婚对象安全靠谱而恭维一下。

自称"吃得开、吃得开"的男人中,有一类人很不自信。他们没有"吃得开"的感觉,就无法进入恋爱状态。作为恋爱的条件,"吃得开"的氛围绝对必要;一旦相信自己"吃得开",就产生自信,主动与人交往,不限定是什么人。听这种男人的言谈,感觉他总是很受欢迎,其实,那样的话更是说给他自己听的;如果不想象自己是"吃得开的男人",他就太难受了。

然而,如此懦弱的好好男人,社会上却意外地多。所以,女人光凭美貌和身体还不是万能的,让男人相信"吃得开"的技巧,就成为一种有力的武器。

"上次见面之后,我三次梦见您哩。我实在不明白是怎么回事!"

点到为止,这么一句就行。男人由此认准自己"吃得开",没有比这更简单的了。直白说对方"吃得开"似乎有些尴尬,但也不尽然。对于男人而言,也没有别的什么途径得悉自己"吃得开"。

女人要是吃得开,就不是这么回事。有人送花,有人送宝石,有人送皮草。这样的话,目的再明显不过,肯定有圈套,也颇有压力。男人绝不会以这种方式吃得开。而且,"吃得开"和"吃不开",男人喝茶聊天不外乎这个话题,很没劲。

"吃得开"的故事大都挺不堪的,但前不久,我从某女士处听到一个风流潇洒的"吃得开"的故事。

当时,她独自一人去西西里岛的巴勒莫旅行。女人独自旅行,西西里岛的任何男人都不能置若罔闻。感觉不论到哪里,都被群狼环伺,她放弃了游览,在满是果树花香的酒店花园里,独自呆坐。

这时,一位老态龙钟的老者走近来,摘下帽子打招呼。男服务生特地介绍了他。

男服务生说:"这位R先生是百岁老人,恐怕是意大利最高龄的人,他作为律师也很有名。"

没等她回过神,老绅士已在旁边椅子落座,开口道:

"我早就想跟日本的美丽女士说说话啦。"

之后,他谈到了西西里岛景色之美,地中海的海景之美。话语稍作停顿,百岁老绅士凝望着蓝天,叹一口气,说道:

"可是,说到美这回事,这世上还有比恋爱更美的吗?"

就在她一愣,还没接上话时,她看见一只满是皱纹的手颤巍巍地伸过来,要握她的手,她吓得站起身来。

这实在不妨说是一个"吃得开"的故事。让百岁老人心中燃起爱火的人,并非随时随地有的。

我回想自己"吃得开"的往事,有那么一件事情,让我感觉自己确实是"吃得开"的,不过没有语言,也没有微笑。

我跟三位女士在闲扯瞎聊,其中一位肯定算漂亮的,有点怄气的样子,对我的态度不大友好。不知为何我也觉得就她不好接近。

其余二位有点事情要走开一下，撇下我和那位不大友好的女士两个人。我感觉挺没劲的，把手搁在桌旁，望向别处。

这时，那位女士突然伸出手，用红红的尖指甲在我手背上划了一下。我疼得跳了起来，却见她若无其事地看着另一边，笑也不笑。

恰好此时另两位女士兴致勃勃地回来了，我失去了抗议的时机。事后我想，这也许是"吃得开"的表现。

塑料牙齿

朋友很得意，说装了五枚塑料牙齿。他毫无顾忌地咧嘴让我看。

"有什么好处吗？"

"简直跟白瓷一样。"

"在你那瓷牙上面画一座富士山如何？"

我们攻击起他来了。

我由此想起一个小伙子，他是我在纽约见过面的弗兰克·辛纳屈[①]的表弟。这小伙子为了重造因伤塌了的鼻梁，前往拉斯维加斯做手术，植入了塑料鼻梁，为此他颇感自豪。

人类为什么会为这种事情感到自豪呢？

外观变好了，这是确确实实的；但塑料是死物质，已经不是我们活体的一部分了。不过，仔细想想，我们感到自豪的东西，大多是死物质，不是真正的活体的一部分。有钱人为自己有钱而自豪，为豪宅而自豪，为当年版的新车而自豪，即便是更不起眼的——为袖扣而自豪，为瑞士腕表而自豪……简言之，都是以"死物质"而自豪。这些"死物质"能使持有者较之不持有者外观更加光鲜亮丽，这一点正与塑料牙齿相同。

我在想象中描绘文明的未来图景：人类的肉体会渐渐变成可替换、外表更好看的人工制品吧。整形手术之类，将变成古老传说；皮肤也好、脏器也好、骨骼也好，所有一切，作废便立即更换，人工制品将无限制地遍及全身吧。人类将变得不大看重天生的、活的东西了吧。因为它们终能被更换。例如在美国，齿列不佳者为避免在社会上遭遇不顺，许多人年轻时就换全副义齿，像这样天生活物中不佳的部分，就逐渐被漂亮的塑料取代了吧。"身体发肤，受之父母，不敢毁伤，孝之始也"这些古训，将要变成笑柄。

这样做的最终结果，人类也许全身乃至脑髓，都变成可由塑料替代。到天生的身体完全成为废物时，已经通过人工肉体脱胎换骨了。那么一来，"死"也没有了。更换、更替，保证了永生。所谓的"死"，像坏了的时钟被丢弃垃圾场一样，是类似"死亡"的现象，尸体不同于现在很快就腐败化解的尸体，它仍旧是活着时的模样，永久搁置那里。

当我展开这样可恶的想象时，究竟所谓的"我"从何说起？所谓"个人"从何说起？数不清的问题来了。

首先是"我"这个人。

当下，之所以能说得清"这就是我"，在于我的肉体。但是，那也是通过新生的细胞，每数年就完全更新了内容。长出来的头发、指甲必须剪掉，而被剪去的头发、指甲已不是我。要说我口腔内的金牙或者塑料义齿，与被剪掉、只是一种物质的头发、指甲有何区别，那就说不清了。要说我撒的小便跟胃里的胃液有何不同，也是说不清的。

---

① Francis Albert Sinatra（1915—1998），美国歌手、演员。

那么，要说真正的"我自己"，是我的精神吧？这也不大可靠。我的精神受各种影响而存在，经常变化，刚在思考"古希腊悲剧"，下一瞬间就在想"包子是肉馅好吃还是别的馅好吃"。所有一切都支离破碎，不支离破碎的部分，不过是社会上强制推行的、庸俗的、通行的"常识"。而且恐怕谁也不想说"我自己就是常识"吧。

写小说或者论文，因为总得人家接受，所以我的精神也以统一的形式出现，弄出来的书，不过是印上字、弄脏了的纸张，很难认为装订好了就是"我自己"。

且放眼看看外在吧。从我穿的三角裤、运动背心、休闲服、裤子、皮带、袜子、鞋拔子、鞋子之类，到好几套西服、毛衣、夹克，还有我自己的家以及存款账户，都属于我的所有物，但很难说"夹克就是我自己"。妻小是我的亲密家人，但他们是各自独立的人，跟我个人非同一物……像这样，没完没了地耽于哲学式思考时，所谓"我的……"的根据，实在暧昧、模糊起来了。

这样就明白了，"所有"这个财产上的观念，好不容易支撑着我们。"我所拥有"，仅此足矣。结论是仅凭这块牌子，人生必可满足。

且说"我所拥有"，至少在没有了奴隶制度的现在，模糊的"我"，只能是拥有自己周围某些"死物质"，别无其他。那些物质与我自己，没有必要是同一物。

在此，我们回到开头。塑料牙齿很显然是我所拥有之物。

对我来说，天生之物不可更改，但若是拥有之物，则尽可通过努力加以改善。如果天生的牙齿不行了，就用塑料牙齿替代，只要它比真牙好看就行。

我的人生观，就这样接纳了塑料牙齿。虽然那不过是无聊的

"死物质"。人类是否可通过人工，制造比"死物质"更棒的东西呢？这是个挺大的疑问。种植大米或者玫瑰花，仅是为自然助力而已，并不完全是人类自己制造出来的。

人类自出生起，就像是镭的存在：把不知有无的"我"，无穷尽地向周围"死物质"放射。然后"我"这种东西渐渐减少、消失，随着衰变，因为那些"我"盖印了的"死物质"之故，越发变得伟大、杰出起来。

伟人、英雄也得靠塑料牙齿，即便如此，观感仍胜于掉了真牙、缺牙的男人。

痴呆症和红衬衫

实在不好意思，我又拿读者来信说事了。我曾在电视节目上闲扯了一番，数日后，我收到一张没署名的明信片，作者声称在某大学精神科工作。明信片上说的事情，让我难得地听到了读者发自肺腑的声音，实在是振聋发聩，让我这种人肃然捧读。

明信片字体端正，令人感觉作者是颇有知识修养之人。内容如下：

早上的电视节目里，您夸夸其谈，但从您瞎扯什么红衬衫或住宅的畸形设计来看，您该不是有重度痴呆症遗传吧？凡·高、米开朗基罗、芥川龙之介等人都患有痴呆症，所以才会发生像莫扎特病发早亡，像凡·高自杀之类的事情。中台达也（仲代达矢①？）、中原淳一②的住宅，也都是精神病患者设计。我看您颇以名人自负，精神异常者一般都可以出名。德川末期，有一名男子表演肚脐眼撒尿，轰动一时；在战前的龟户，住着一位叫"花电车"的名人。男人越是异常，生活、伦理越接近女人，女人则接近男人。爱好红袜子、红衬衫的男人，和爱好裤子、短发的女人一样，都是精神病患者。

仅仅以上说法，读者也许不明白。让我加以解释：当时我正上电视节目，做了约十分钟答问。对主持人浅薄的、无厘头的问题，我也有点儿恼火，我始终一本正经、信口开河地应付：

"红衬衫谁都想穿，但害怕被耻笑不敢穿。我穿起来很随意。"

来信者显然挑剔我这样的瞎扯，还有电视里我家的样子。他说他在某大学精神科工作，纯粹是撒谎。我作为小说家，对精神病学也略知一二，明知不可能把只知道如此粗浅精神病知识的人搁在现在的大学，即便是野鸡大学。

且不去说他，这样的来信显示了现代社会表达意见的一个类型。我把它拿到"不道德教育讲座"来，好表现我的气魄。

之所以这样说，是因为来信从内容看像精神病诊断，其实它显露出难以抑制的道德愤懑。若非来信者本人有精神异常，则定是强烈的道德家。在现代，这二者呈现了极为相似的面貌。他那些言辞正是代表，而他自己把我看成敌人，其实也许是在我身上，看到了真正的同类和代表。

人为何要写"读者来信"？因为孤独。而往往是把孤独的意见，稍微装扮成社会上的意见，写成读者来信。这一点看看太太们给报社的"读者来信"，就很清楚了。

来信者为何孤独？因为他不满。其他人看我上节目，肯定也就是笑笑，一般性地评论一下：

"那小子又胡扯了。张口闭口就是什么'谁都'，我一次都没想过要穿什么红衬衣。嘿，算啦。那小子又在故弄玄虚吧。"

---

① 仲代达矢（1932— ），日本演员。
② 中原淳一（1913—1983），日本插画家。

然而，来信者很认真，不能等闲视之，一笑置之。他决不能轻易放过，而且因为他的意见无从发表而非常不满。

来信者为何不满？因为他是道德家。他有一种嗜好，就是对琐碎小事持严格的道德立场。他坚守这样的思维：日本人就应该穿黑乎乎的和服，坐在晦暗的日式房间的榻榻米上。"身为男人"爱穿红袜子、红衬衫啥的，好没男子气，是不可原谅的行为。

要是在从前，他根本没必要给人冠名疯子或痴呆症，一言以蔽之：

"身为男人，成何体统！"

乃木将军①之流绝对是这种做派。男人抹发蜡之类，在将军看来，是不可忍受的不道德行为，他要从道德角度加以抑制、禁止。

但是，"现代"是何时代！男人随意穿红衬衫红袜子。男人拼命赶时髦。女人也不落下，要穿裤子，满不在乎地剪去一头黑亮的头发，弄成乱七八糟的短发。

现代道德家更为不幸，即便他大声疾呼"身为男人怎能这样，作为武士不羞耻么"或者"要遵从大和抚子的妇德"，人家也嗤之以鼻。疾呼者越发落入孤独的境地。该如何是好？

绞尽脑汁思索，最终想到的是定罪宣判：

"你是一个疯子。"

"你患了痴呆症。"

这样的话，听起来具有科学性，也会有人认同吧？

然而值此现代，更加可悲的是，"疯子"之罪，立即返至自身。取代嗤之以鼻的，是即时的回敬：

---

① 即乃木希典（1849—1912），日本陆军将领，对外侵略扩张政策的忠实推行者。

"哼,你自己才是疯子呢。"

"你才是痴呆症患者哩。"

这可就完了。现代是从一方看他方都是疯子,从他方看一方全都是疯子。这就是现代的特性。从美国看苏联,全都是疯子;从苏联看美国,也全都是疯子。近来时代进步了,东西方疯子的代表友好会谈,天真地交换彼此病情了……

道德家在道德上已经不安全了。唯有自己正常或者觉得自己正常的时代过去了。可悲吧!于是,道德家不孤独的路,就只剩一条了。

这条路,就是昭示天下:自己是疯子,有痴呆症。

这事谁干得最漂亮?这样说的某人之流,绝没有此等勇气,充其量是在电视节目上板着面孔啰嗦一番。

坦荡地走在这条路上的,有谁呢?(为慎重起见,事先打个招呼:我不是信徒,没打算做宣传)是"舞蹈之神"北村小夜[①]。她在有乐町中心区陷入恍惚,将众人导入神乎其神的舞蹈之中。从她没有任何架子的身姿,现代道德家可以看见最诚实、最健康的身姿。

[①] 北村小夜(1900—1967),日本"天照皇大神宫教"的创立者,将战后日本称为"蛆虫之世",宣称神之国将到来。

冒牌货时代

前阵子盛传一千元的假钞正在流通,在车站的售票处,我为买二十元一张至有乐町的车票,递上一张崭新的一千元钞票,站务员窥看一下我的脸,然后把千元票子对光照照,用手指头轻弹一下,好不容易才给我找钱了。

据朋友说,那阵子在某商场购物时,商场广播正播放这样的内容:"在四楼进口商品柜台使用了一千元钞票购买红色条纹领带的顾客请注意:请您立即移步前往四楼柜台。"

朋友一听,几乎笑出声来:嘿,是假钞吧。他觉得挺滑稽的,与此同时突然担心起自己钱包里的钞票了。

不仅是日本的钞票,似乎假美钞也到处有。从前盛行黑市美元,钞票本身倒不是假的;像这阵子的情况,很可能产生一些悲喜剧,诸如从议员先生的腰围查出令人瞠目的假美钞之类。

不仅限于美钞,近来简直冒牌货满天飞。

之前有报道说,某妇女杂志公布了文学奖获奖作品,但爆出作者抄袭福克纳,于是取消颁奖。公布获奖消息的同时,美女作者处拥来大批求婚者;可一旦取消颁奖,求婚者也同时退潮,消失无踪。

我听到这些传闻,对势利的社会颇为吃惊。

最近的御歌会作伪事件也很著名,某新晋女作家也有类似的嫌疑。

在画坛,也有人自称替某油画大师捉刀数十年,但从他对自己师傅不否定也不肯定的情况看,甚至有流言说,那说不定是擅长炒作的大师自编自导的。

关于冒牌货,可谓不胜枚举;我这样谴责它,而我自己的冒牌货也不知出现过多少个。冒牌货A作京都豪华游,据说比正版还要受欢迎几倍。冒牌货B以自己的名字偷窃被捕,被关进小菅监狱之后,自称笔名是"三岛由纪夫",甚至在短歌方面指导监狱内的同人杂志,令人瞠目。

人家把我出席活动的报道给他看,据说他一点也不慌张,振振有辞解释:

"因为我入狱了,所以为照顾影响,就由老妈代表出席了。照片只好用了旧的,跟现在的我不大像吧。"

在广阔的世界上,某个地方至今还有一些人,他们不辞劳苦手工制作假钞,弄假名画、假文物,假扮名人等等,多少有种幽默感。这肯定是坏事,但从一开始就不要真货,这种精神挺幽默,令人不禁莞尔。

首先,真货没有露馅这回事,没劲。武打电影里常有水户黄门[①]或少年大名[②]等假扮成市井老人或卖鱼的,最后时刻表明真身,得到满堂喝彩。但在现今民主主义时代,真货已不必化装,所谓真货露

[①] 即德川光国(1628—1701),江户初代将军德川家康之孙,水户藩二代藩主,学者、历史学家,曾任黄门官,人称水户黄门。
[②] 大名为日本古时对封建领主的称呼,大致相当于中国古代的诸侯。

馅，充其量就是刑警化装成毒贩，暴露了身份，而这些也只是电影故事而已。

化装的真货暴露了，大抵是变回真货，由此开始作为真货的生活。这方面假货就不一样。在假货的故事里，露馅这一高潮绝对必要，露馅之后的假货就变为零了。

所以，制造假货、成为假货的努力，不用说肯定是为了得到金钱、美女，还令人感觉其中蕴藏着一种脱离了政治性、功能性动机的纯粹精神。在世上，存在着许多更轻易攫取利润的丑恶事情。

假货自身也许有陷于自我陶醉的瞬间，但总体而言，是一直意识到自己假货身份的。而社会上就完全相信其为真货。这就是双重瞧不起了：既瞧不起社会，也瞧不起社会所承认的真货的价值。太有趣了。

真货这一方，拥有社会给予的真货标签，丝毫不会变作假货。与假货的区别，也许就是自己完全没有"可能是假货"的怀疑。加上完全没有不知何时会露馅的担心、恐惧，所以无趣至极。

且把人放在一边，来考虑一下"物"吧。

假定这里有一张一万日元假钞，你要在不知情之下与它打交道。

如果你是假钞骗子，你会想：说什么也得把它花出去！在害怕又紧张之下，心扑通扑通跳着，把一万元钞票递了出去。可你不是假钞骗子，你一无所知，你完全相信它值一万元，你可以很自然地用它买东西。接受者也对你的态度深信不疑，当真货收下了。

原本这样一张纸片儿，只有纸的价值，但按照社会的约定，它有一万日元的价值。你从没怀疑过这个约定，是个幸福的人，也就是说，你不知道它是假钞而使用它，你属于真货的世界。

突然，对方识破了，把钞票退了回来：

"嘿，不好意思，这是假钞！"

你面红耳赤，十分生气，但接下来的瞬间，你被恐惧攫住。你察觉自己不知在何处丢失了一万日元的真钞，与此同时，你担心自己被误解为假钞制造者。

迄今友好相处的世界，一下子成了你的敌人；迄今你相信的社会约定，一瞬之间崩溃了。于是，你本非假钞制造者，又不是明知而使用，却一下子从真货的世界跌落到假货的世界了。

当然，如果冤情消除，你马上会恢复青天白日的社会人身份。但是，你浅尝了一下假货世界的恐惧，它恐怕已经攫住了你。你回味自己不知情、不知何时从真货世界滑落的经历。这实在是宝贵的经验。

假货有这样的效用：它把看似稳定的世界、看似稳定的价值弄得一塌糊涂。所以，假货的流行，可以说会引发带着微笑的幽默的革命，而不是流血的革命吧。尽管那是泡沫般随即就失败、消失无踪的革命……

"地道"和"气味"

据说豆酱有股豆酱味儿的，不是上等豆酱。而小说家气味的小说家、政治家气味的政治家——诸如此类，也属于不大美妙的部分吧。

我认识的一位主持人干了好长时间的街头采访，是个好人；让我为难的是，他平时的说话方式也完全是主持人的腔调。

"且慢，三岛先生，请教一下……"

他这样一开口，我不由得想捉弄他一下：

"哎哎，这又不是街头采访，而且你还年轻嘛，什么'且慢、且慢'嘛。"

看他挺沮丧的，我都有点儿可怜他。

就说艺术家，从前艺术家有必要保持一种"范儿"。这所谓的"地道"或"气味"，区别甚大又容易混淆。如果是军人，应该说"地道的军人"，说"军人气味"就受不了。说着"地道""地道"，一不小心，不知何时就变成了"气味"。

理发师应该是个地道的理发师，这是理所当然的，被人家说"那个理发师一点也不地道"，大抵是还热衷于自行车比赛之类，生意上三心二意。

社会上有种种职业，这是套在人身上的模型。怎么也套不进 A 模型的人，换到 B 模型往往就轻松套进去了。人一般在心慌意乱之下便套进了模型，得适应才是。也就是说，变得"地道"。

"你终于像个地道的记者啦。"

被人这么夸时，当事人自然心情不坏。

原本自由自在的人，被别人夸套进了模型还高兴，细想挺不可思议，但这喜悦也是自己作为社会人，在社会一角站稳脚跟的喜悦。在这之上还伴随着传统社会道德上的满足，就像"地道的男人""地道的女人""地道的武士"。这是因为人自幼小时起，大都按照符合社会要求的道德目标进行教育，诸如"好孩子不哭啦，要像个男子汉"，或者，"得像个初中生"。

反之，向孩子灌输"尽管哭吧，男人得像个女人"，或者"初中生得像个大学生，抽烟泡妞"之类，即便在当下"女人看气魄、男人靠殷勤"的时代，父母也不会这样说吧。

也就是说，理发师不能像记者，政治家不能像小说家。

从某一方面说，这样的道德存在着人们按照各自职业要求埋头狂奔的危险性。记者只想着当名记，对人言语粗暴无礼；军人只要做标准军人，喝碗汤也端架子。从此可知，职业人接近了相声、漫画的素材。

一个人到了全部人格都被职业所支配，连日常言行都很职业化的地步，就终于变成"气味"了。豆酱带有豆酱气味，和尚带有和尚气味，这个样子我就不能苟同了。

常常有所谓"女艺人气味"的女艺人，随时送秋波，分手时简单一句"再见"说得意味深长，令人误解。这种人平时说话也像念台词，直说"我不知道啊"就行的话，要停顿几次："那事么……不知道呀……我呢……"最终令人大倒胃口。

现今的怀旧电影里，仍出现很小说家气味的小说家：身穿皱巴巴的和服，长发长须，脸色苍白，双颊消瘦，精神萎靡。此人一边伏案写稿，一边叹气，才写几个字就把稿纸一团扔掉。写了几页，又撕掉；写了又撕掉，抠着满是头屑的头发，独自懊恼。今天已经没有这样的小说家了。

但是，社会已经渐渐单一化，色彩一样，居住的房子一样，食物都一样。到了这样的状态，"气味"的类型也渐渐产生了价值。

泉镜花的小说里经常出现老油条警察的话："哈哈，你姓葛木？不是祖传姓氏，是地区姓吧？名字呢？"或者："情况允许的话，劳驾您来警署一趟。咳，作为绅士，事关名誉吧？"这样说话的警察现在已经不见踪影了，要是在街角遇上一个，还真够开心。

如此看来，在现代，"气味"这玩意显然还有存在价值。井伏鳟二的小说建立在巧妙捕捉职业人的气味上面，所以他作品中小客栈掌柜或古玩店店主的精明气味，仅此就造成无法言喻的幽默感。

在这里，我也要为社会着想，换一种思维，变成小说家气味的小说家，想揪住某小酒馆的女子说："你是麦当娜吧。是波提切利笔下的麦当娜吧。你身上的气息，似乎带着一种神圣的风情。"可我又难为情，还没说，后背就阵阵发寒。话说回来，今天还有女孩子听这样哄吗……

自己察觉不了自己口臭。不察之下，完全无意识地、丝毫不羞耻地发扬自己的气味，这里面也有"气味"的本质，有其幽默之处。

小说家以自我意识为宗旨，可能是最难表现"气味"的职业，其中暗藏了这个职业的社会不安定因素。

在缺少"气味"的现代，"气味"扩散到别的地方。

我曾听一位朋友诉说自己着迷的女孩子，正是她身上的"男子气味"把他给迷住了。说不定那女孩稍后找一个警察男友，对男友说："我好欣赏你的小偷气味！"

年轻或青春

现在提起青春呀年轻呀,似乎已变成暴走族的深夜飙车,或者扮流氓阿飞在旅游点寻衅滋事;在女孩子,则是身后有一帮男友,或者为摇滚歌手尖叫……就是这种种情形的总称而已。

由成年人的角度来概括,这里面难免有误解。深泽七郎[①]写了小说《东京的王子们》,描写摇滚歌迷的生态,说摇滚歌迷绝对排斥暴力行为。这篇小说让人心情很好,成年人应该读读这篇名作。

我对于这样的年轻,大体持赞赏态度。与此同时,我也用心不良地想,如果完全剥夺年轻人视为最大敌人的"穷"和"闲",会怎么样呢?说"穷"嫌夸张,就只说"零花钱不足""手头拮据"吧。如果立即把二者从日本全国的年轻人身上撕去,他们的年轻虽不变,但跟现在这样对年轻或青春的定义,恐怕有根本区别吧。

我来想想自己十五到二十岁时是怎么回事。即便我能想起来,也都很没劲,没有一件显赫的事情,但所幸我完全不会"穷"和"闲"。说来我也不是有钱人家的孩子,极少零花钱;但那时在打仗,想花钱都没有东西买。既没有时髦的毛衣,也没有皮夹克;没有旅行，也没有娱乐。既没有舞厅，也没有爵士乐咖啡馆。没有西餐馆，也没有十元寿司店。能随意买的，只有旧书。这个样子，穷也就不算苦了。

接下来说"闲"。我是个文学少年，一放学立即回家，拼命写我的蹩脚小说。因为我感觉"自己随时可能被征入伍，所以要赶快写下旷世杰作"，时间宝贵。外面没有娱乐，不用担心分心，没有任何外部诱惑。二十岁前的我，从来没有空闲。

我真切感受到的年轻，是我觉得难看死了的粉刺全盛期。我拼命装老成，这也是年轻的一个特质。即便如今到那些高中去，试着以成年人的口吻，体贴地说：

"你们怎么看暴走族或摇滚族？我是十分赞赏的……"

肯定会招来一片责难、反对之声：

"我们只听古典音乐。"

"暴走族太浅薄啦。"

"我在读罗曼·罗兰。"

"请不要认为高中生都不认真学习，别戴着成年人的有色眼镜看我们。"

但是，我很清楚，他们只是小心翼翼地隐藏自己，只要给他们勇气和机会，他们心里头向往的是摩托车和摇滚乐。

再怎么说，这也是羞耻心和虚荣心最旺盛的年龄段，所以想成为暴走族也好、反对暴走族也好，很显然都出自同样的虚荣心和竞争意识，而且暴走族诸君已把某人说过的台词作为金科玉律：

"只有在高速奔驰那一刻，才能忘却一切。"

---

① 深泽七郎（1914—1987），日本小说家，成名作为短篇小说《楢山节考》。

且听一下我可怜的身世吧。过了二十五岁之后,我才发现,自己对年轻的解释、自己对青春的处理方式是错的。首先应该是生存。写书在其次。年纪轻轻闷在书房里是错的。首先应该站在蓝天下。我决心重来一次青春。

但是,你不觉得,这样的青春挺假吗?这世上可没什么"悔悟的青春"。没有所谓"我错了"的青春。我的狡猾之处,是告诉自己并且让别人看看:我十分清楚,第二回青春才是真货色,自己只是比别人晚一点出发而已。而且,这时候我已经挣下许多钱,没必要缠着父母讨零花钱了。于是感觉我也跟别人一样,应当享受青春和年轻的快乐,这可是真正没有苦、非常轻松愉快的青春!某个年龄抵达巅峰,我眯眼回想那时的自己。比起二十岁前的阴郁回忆,现时热闹的回忆更为重要,我爱惜着,略感良心的苛责。因为我很清楚,这是伪青春。

近年,拜勤于运动所赐,我意外获得了许多观察青春少年的机会。我首先察觉的,是他们有太多空闲,而手头拮据。当然这是相对的,在现今社会里,尽兴玩下去,有多少钱都不够吧。

他们总是说:

"嘿,咱没事干。"

"该怎么打发时间呢?"

"你吃过啦?"

"吃过了。"

"对了,在X餐馆,七点钟约了三个女孩等着呢。"

"啤酒一百五,女孩么,两个得五百。小费……"

"别算啦,那边贵。"

"你的衬衣是在阿美横町①买的吗？多少钱？"

"又要考试了。以为过去了，还有呢。"

"怎么才能消磨时间呢？"

"哎，这个周末借我车子用用？"

"玩石头剪刀布，被那小子赢了三千，畜生！"

"你太闲啦……"

大致是这种腔调，这就是青春的实态。

他们把最大的敌人——无聊（闲）和穷（零花钱不足），很快归因于社会和政治。然而，政治早已经准备好了回应：

"噢噢，太闲了不好办啊，那就像从前，来个全民皆兵吧？"或者，"大家看看中国的年轻人吧，用你们的双手来改造社会！"

社会方面又如何呢？

我回想起《西城故事》②中，小流氓们进行抗辩的幽默歌曲："我们胡作非为，责任不在自己，是社会的罪过。我们只是病了，是心理学上的、社会学上的病。"要说社会能做点什么，也只是提心吊胆而已。

无论如何我都是赞赏青春或年轻的，但也有一个前提：那无非是个人的病，不是社会或政治的病。即便没有无聊和穷，青春病也绝不会消失。我自己的情况就是最好的样本。

---

① 东京上野车站附近的著名购物集市。
② 美国经典音乐剧，1957年首映，1961年拍成电影。

交换恋人

很久以前，谷崎润一郎和佐藤春夫换妻的事件①，曾在社会上轰动一时。虽然与那阵子相比，现在是杂乱得多的时代，但这类事件却不大耳闻。由此可见，现代仍然是不脱常轨、八面玲珑地活着的时代，就像过期的"最中饼"②，只是表皮上碎糟糟，里头小巧实在的馅儿还是好好的。

然而，似乎在年轻人中间，相当自由地交换着恋人。虽然在不良分子中，轮流交换女人的情况从前就有，而被交换的女人一方，也以没心没肺者居多，她还挺得意自己接连不断受男人青睐，于是乎，天下太平。

真正的恋爱，是最大限度的自我战争；自我，被大大投影到对方身上，难分难解。但在这种情况下，什么交换恋人，根本无法想象，那必须像是将玩腻的玩具与朋友交换的心情。那一刻的心情，必须是绝对觉得不漂亮、不可惜才成。

男人身上难以疗愈的感伤主义，是总想有自己的港湾。即便走遍全世界的海港，最后可以回归、使身心得到休息的港湾，只有故乡的港口，即所谓：

> 每见落日沉，
> 便洒异乡泪。

然而，如此奢侈的感伤主义，既花钱，在现代也渐渐变得困难了。首先，它是多余麻烦的根源。现代青年并不想把正室与小三打闹这种老麻烦带入单身人士之间的恋爱。而且，只要一个月，不——一个星期不在位，故乡的港湾里便谁也不愿待着了。

不妨说，畅销食物、新鲜度跌得快的食物，就是现代的恋爱。像寿司一样，必须做好就吃才好吃。你不吃的话，马上被别人吃掉。

所谓的根据地，哪里都没有。家庭？家里头只有招人烦的老爸老妈，以及貌似通情达理的老哥老姐而已。现在的年轻人都有勾留的咖啡馆，但说它是港湾也不大像话。自己没有任何精神皈依处，却唯独指望自己的女人成为故乡、港湾、根据地，只不过是落后于时代的感伤主义而已。

情妇往往对入狱的男子说："我永远等着你，一直等到你出来。"

似乎谁都爱说这种话。男人的贞操有牢狱确保，女人是自由身，只要等待男人就行。这种情况但凡女人都喜欢。可是，一年、两年过去，一般的女人就完全忘记自己说过这样的话了。

男人一直记得这些话，那个发了誓的女人是他的港湾、是他的根据地。然而一般说来，这是注定要被背叛的梦想。他应当接受自己此刻孤身一人所在的牢房，才是真正的港湾、真正的根据地。

现代的男女关系与之相似。各自认定自己的孤独才是自己最后

---

① 作家谷崎润一郎和佐藤春夫是好友，因谷崎移情，佐藤同情并爱上了谷崎的妻子。后来三人发表公开声明，谷崎与妻子离婚，佐藤与之结婚。

② 日式传统点心的一种，薄酥外壳，红豆内馅。

要回归的故乡港湾，那换恋人什么的就轻而易举。

古谚有说，隔壁的花香。菊池宽的戏里也有这样的台词：在草地上挪来挪去，心想别处的绿更佳、坐起来更舒服吧。最终不管挪到何处，感觉都一样。

有人的性格是，一见朋友的恋人就觉得好。这种人是最适合交换恋人的。他不求根据地或者港湾，目光不断移向新的、别的、新鲜的东西。他只顾忠实于情欲法则，不回头看，不具有感伤主义。

纯粹情欲的本质，似乎以孤独为前提。我觉得，其极致是唐璜，其过渡形式是交换恋人。

日本人"用情不专"的概念，与之相去不远。所谓"用情不专"，前提总是有根据地、港湾。拥有了可归之处，在此之上去碰新的东西，那就是"用情不专"，它所具有的情欲是不透明、不健全的。电影也好、小说也好，以所谓情色为卖点的作品，在日本之所以尤其难以避免不健全的窥视癖，是因为它们是在诉诸传统的"用情不专"观念上成立的。

看江户时代的言情小说，就明白日本人的风流韵事全都是模拟夫妻关系。而注意力不停转移的唐璜，被称为"扫帚"，招人恨。日本人即便在风流韵事上，也有一种不断寻找自己港湾的感伤主义，在此之上，才有用情不专。

电影《表兄弟》是法国新浪潮初期之作，说某女子和男友的表兄弟好上了，马上搬入男友和其表兄弟居住的家。恋爱结束，她就干脆地搬走；之后受邀参加派对，又若无其事地前往。电影生动展现了一位想得很通的女性，在精神上喜欢的男性和肉体上喜欢的男性并存的情况下，满不在乎地住进了他们的房子，她完全忠实于情欲法则，很明白自己的孤独。绝对孤独既是出发点又是终点的风流韵事，真是爽快，令人心生敬意。

然而，被异性仅从精神上爱着，无奈于自己肉体存在的事实，就要产生悲剧。《窄门》的阿莉莎，写出了只被精神上爱着的女人的烦恼；《表兄弟》，则写出了被置于同一立场的男人的烦恼。对方的判断无从动摇，但试想想，这是令人困惑的事情：对方擅自仅仅从精神上爱自己，如果自己连同肉体也爱上对方，就很不合拍了。

《表兄弟》里的乡下青年被置于如此境地，笨拙地离世。试想，如果彼此所求不吻合，绝对是即刻更换为宜。找到一个肉体上爱他的女子，光明正大地显示肉体上的恋爱，这样一来，对方会改变想法吧。

精神和肉体的分裂，是青春恋爱共通的特点；要挽救这一点，只需将精神性女子和肉体性男子、精神性男子和肉体性女子的组合改变，做交换即可，这是最佳做法吧。细想想，恋爱并没有超过打扑克的价值。这里似有现代精神卫生学的一个重大发现。

结局坏就一切都坏

所谓"结局坏就一切都坏",咱"不道德教育讲座"可不能这样子。开头一副"不道德"架势,结尾反其道而行之,有"道德讲座"的嫌疑。毕竟我是继承母亲血脉,她祖父是教授孔子《论语》的。

小时候,有人背后讲坏话:"老爷爷读《论语》不懂《论语》——死读书。"我想反过来试试——"不读《论语》但懂《论语》",却也行不通。

大体上,日本没有西方那种令人害怕的道德要义。这个本质上植物性的人种,尽管现在举国都在模仿动物,但嗜血动物国家制定的规则,却不大适合植物。教训植物什么"利爪不加诸弱兔",可植物并没有爪子,不管怎样,卷心菜就是杀不了兔子。此时来一个我这种别扭家伙,即便你宣扬"利爪须加诸弱兔",做不到仍然是做不到。说"不杀死"也好、"杀死"也好,都是同样的,这是不言而喻的事。

然而,现代日本正萌生着种种新品种、珍稀品种。既出现了类似食虫植物的品种,又出现了介乎植物与动物的品种;还有许多不知是植物还是动物的细菌、病原菌,以至于当中真有突然变异出现的动物。暴走族之类，本质上也算植物，仿佛卷心菜骑上了摩托车，但是，摩托车不是兔子，它能轧死人。

将暴走族与从前的武士比较一下，颇有意思。摩托车也好、日本刀也好，视其使用方法，无疑可作为凶器，但明确知道或不知道其为凶器，呈现了暴走族和武士的区别。从前的武士因为明知刀是凶器，所以在刀这物体上，安心地赋予一切杀机，另一方面自身安心地依附于植物性道德。正如"妖刀村正"[①]会自动杀人的故事一样，甚至产生了人没有任何责任的杀人传说。

现代人不拥有可以安心寄托自己杀机的物体，不管是暴走族还是流氓阿飞、割腿杀手。说起来我不赞同什么重整装备，即便我赞同，我们能够把杀机寄托于一个发射核弹的冰凉的白色小按钮吗？纳粹以来的特征，是杀机和杀人之间几乎不存在关系。

然而，植物也有杀机。我相信这一点。也许那是比动物更含蓄、更深更大且更强的杀机。植物性道德也深知这一点，但在现代日本，像前面说过的，不断出现珍稀品种、新品种，植物性道德已经力所不逮，这是确实的事情。于是，头脑贫乏的官僚或者教师们打算创立各种新道德，但因为里面完全缺乏"杀机"或者"关于杀机的认识"，所以完全白费。到了这一步，军人敕谕之类立足于杀机的植物性道德的最后光辉，已经不能再次唤回往日光辉了。

基督教之所以那么有力量，显然多亏了殉教者；也就是说，那是"被杀"的道德力量。

于是，在今天，如同大江健三郎所说，自杀才是唯一的道德？

[①] 伊势桑名地方的村正家族铸造的名刀，因德川家族历代有人被村正刀所伤，德川家康视其不祥，对村正刀下禁令，"妖刀村正"的说法逐渐流传开来。

的确，现代的犯罪，全都类似自杀。现代的杀机，追根究底，全都归结于"针对自己的杀机"。当然，古希腊从早前起，就有了自杀的哲学。

然而，也许是我胆小吧，我不能赞同这样的说法。假如要自杀，还不如杀人或被杀。为此，需要他人的存在。为此，就得有一个世界。人类所有关联里头——父母子女、兄弟姐妹、夫妇、恋人、朋友等等，最终都潜藏着杀机。所以，重要的是切切实实认识这种杀机。自杀的终极形态，恐怕是这地面上，除自己之外的人类都死绝了，就剩自己一个，无法可想，只有自杀了之的场合吧？只要还剩一个他人，杀他和被他杀都有可能，也就是说，有活的价值、活的意义。这就是我的教育敕语。

在"不道德教育讲座"里，各种形态的恶或像是恶的东西、各种恶人或像恶人的人轮番登场，这跟报纸社会版的新闻一样，人若是性格上对恶感觉有趣、常注意到恶，也是理所当然的。当你在电车上，看见一个可爱女生沉迷于一本写十五人陆续被杀的推理小说，谁不为之栗然？而令人困惑的是：恶为什么看起来很美？

不过，不妨安心的是，恶之所以看起来很美，是我们离恶有距离；如果整个浸在恶里头，恶也就不会看起来很美了。恶之所以看起来很美，也许是众神身姿清楚显现的前兆吧。人类随着进步，不断在身边看出恶来，而恶也不以本来面目呈现。有一本孩子喜爱的魔法书，当戴上红绿玻璃的眼镜去看时，模糊的书页上就清楚呈现出图案——恰如看这本魔法书一样，当你戴上美的眼镜来看，恶才呈现出来。这不是我的理论，是罗马哲学家普罗提诺[①]的理论。

[①] Plotinus（约205—约270），罗马帝国时代的哲学家。

分别的时刻终于来临。"回家吧回家吧",吵闹的"爱之钟"响彻了夜间街市。请从晦暗的酒馆起身,回自己明亮的家去吧。

本店售卖的鸡尾酒,都有吓人的名字,但都不是差劲的酒,从未被投诉导致失明,所以确实没混入甲醇。只希望您品一品:即便是良善的酒,依调酒师的本事,也能有如此恶魔般的味道!

我困了,店子打烊了。往后我独个儿慢慢喝。跟您不同,我的眼睛可不会因为区区甲醇就失明了。

晚安。

三岛由纪夫
不道德教育讲座

图书在版编目(CIP)数据

不道德教育讲座/(日)三岛由纪夫著;林青华译
.—上海:上海译文出版社,2023.5
ISBN 978-7-5327-9062-3

Ⅰ.①不… Ⅱ.①三… ②林… Ⅲ.①随笔－作品集
－日本－现代 Ⅳ.①I313.65

中国国家版本馆CIP数据核字(2023)第070367号

不道德教育讲座	[日]三岛由纪夫 著	出版统筹 赵武平
不道德教育講座	林青华 译	责任编辑 周 冉
		装帧设计 柴昊洲

上海译文出版社有限公司出版、发行
网址:www.yiwen.com.cn
201101 上海市闵行区号景路159弄B座
启东市人民印刷有限公司印刷

开本890×1240 1/32 印张9 插页2 字数136,000
2023年7月第1版 2023年7月第1次印刷

ISBN 978-7-5327-9062-3/I·5634
定价:58.00元

本书中文简体字专有出版权归本社独家所有,非经本社同意不得转载、摘编或复制
如有质量问题,请与承印厂质量科联系。T:0513-83349365